U0634634

悦讀紀 | 文化品位
ENJOY READING ERA | 优雅生活

—— 阅读改变女性 · 女性改变未来 ——

为你 PERSONAL TAILOR
YOUR TROUBLES PRESCRIPTION
私人订制
的烦恼 药方

韩大爷的杂货铺 著

MEDICINE FOR YOU

青岛出版社
QINGDAO PUBLISHING HOUSE

图书在版编目（ＣＩＰ）数据

为你私人订制的烦恼药方 / 韩大爷的杂货铺著. —
青岛 ： 青岛出版社，2016.10
ISBN 978-7-5552-4586-5

Ⅰ．①为… Ⅱ．①韩… Ⅲ．①散文集－中国－当代
Ⅳ．①I267

中国版本图书馆CIP数据核字(2016)第213805号

书　　名　为你私人订制的烦恼药方
著　　者　韩大爷的杂货铺
出版发行　青岛出版社
社　　址　青岛市海尔路182号（266061）
本社网址　http://www.qdpub.com
邮购电话　010-85787680-8015　　13335059110
　　　　　0532-85814750（传真）　0532-68068026
责任编辑　那　耘
选题策划　郑新新
版式设计　李双儿
印　　刷　三河市南阳印刷有限公司
出版日期　2016年10月第1版　　2016年10月第1次印刷
开　　本　32开（880mm×1230mm）
印　　张　8
字　　数　120千
书　　号　ISBN 978-7-5552-4586-5
定　　价　36.00元

目 录
CONTENT

第一章　关于心态

第四章　关于情感

第五章　关于感悟

✡

为你私人订制的烦恼药方

第一章

关于心态

一、从现在起，培养五个获益终生的思维习惯

平时喜欢写一些干货类的文章，觉得这样能让大家通过阅读获取更多实在的精神收益，长此以往，与读者朋友们的互动也就多了起来。

最近，有位读者朋友发来简信问我："韩大爷，你说是什么让某些人与我们平凡人不同，让他们更加出色？"

我答道：是思维方式。

读者又问："那又是什么让我们与他们之间的不同越发明显，差距越来越大？"

我想了想：是习惯。

读者朋友问到了点子上，我回答得却意犹未尽。那今天，就与大家分享几个能让我们获益终生的思维习惯。

/1/ 客观冷静的事物分析意识

记得在读大学本科时，我学的专业是新闻传播。当时一位有着深厚理论功底与多年实战经验的老师在授课中对我们说：如果有哪句话值得送给大家，并能对大家产生长久影响的话，我希望大家能在日后的学习、生活与工作中时时刻刻提醒自己：

千万不要对任何事物抱有成见。这里的成见，指的是现成的看法与既有的观念。

当我第一次听到这句话时，觉得平淡无常，并没太多感触。但在那之后的很长一段实践经历和生活体验中，我渐渐明白了这句话的价值与分量。

我们生活在大圈套小圈的多层文化环境中，很容易在脑海中对某些事物或人形成一种概括而固定的看法，并把这一看法推而广之，而忽视个体差异，这在传播学领域被称为"刻板印象"。

这种标签化的思维习惯有时能帮助我们更加方便快捷地认知与判断，但它更多时候成了一种思维枷锁，是我们前行道路上的樊篱与阻碍。

比如，我们常会先验性地认为：男人有钱就变坏，女人穿得清凉些就是作风不良，长得丑的人都比较靠谱，学历低的人都比较肤浅……

然而这些观念很多时候是别人灌输给我们的，更多的时候仅仅是我们的自以为是。当我们抛却成见，客观冷静地进行一番观察与分析，事实往往会给理论一个截然相反的答案。

成见是个害人不浅的东西，它不仅让你变得偏执封闭、目光短浅，更会殃及你思维的独立性，影响你与他人良性关系的建立。如果有哪种思维习惯是需要最先确立起来的话，我想，客观冷静的事物分析意识，"当仁不让"。

/ 2 / 迎难而上的问题解决意识

曾经在知乎上看到一条热门提问：在情商高的人眼中，这个世界是怎样的？

有这样一条回答简短而深刻：没有什么问题是不能沟通的，没有什么矛盾是不能解决的。

面对困难首先想到的是情绪宣泄与逃避，这是人类的本性，然而一个人能走多远、取得多大成就，基本上就是看你能在多大程度上克服各种"人之常情"。

有这样一个小故事：一个小男孩在搬石头，父亲在旁边鼓励孩子，只要你全力以赴，一定搬得起来。最终孩子未能搬起来，他告诉父亲，我已经拼尽全力了。父亲答，你并没有拼尽全力，因为我在你身边，你都没有请求我的帮助。

这个故事告诉我们，所谓迎难而上地解决问题，在态度上要乐于沟通，在手段上要穷尽一切。

很多时候，看似山穷水尽，但只要多往前探一步、多问一句、多做一些，一切都会大有不同。

所以说，你如果想要使人生获得质的改变，就要从此刻为自己确立一种积极的问题解决意识，告诉自己不要犹豫、拖延，勤于沟通，立刻行动。

嘴勤的穷人能问出金马驹，腿勤的匹夫能跑出三千里。

/ 3 / 富人思维

是什么原因导致富人越富、穷人越穷？是手里掌握资源的多少？是接受教育水平的高低？我承认这都是一些现实因素。然而，真正让穷人与富人拉开差距的是看待事物和分析问题的思维角度。

富人与穷人看待问题有什么差别呢？

我们穷人，或者说普通人，是手里有多少资源，才敢做多大的事情。

富人，是脑子里先想到要做一件什么事情，目标定下了之后才开始考虑要怎样筹措资源。

富人思维把"目标"和"资源"之间的逻辑关系给倒转了过来，使得他们不会被一些看似无法逾越的门槛给限制住。因为有这种思维，所以没有什么拦得住他们做一件事：没人可以请，没钱可以借，不懂可以外包，限制可以规避，敌人可以和好，对手可以买通。

总而言之：办法都是人想出来的。

而我们在做事前，总会瞻前顾后，永远觉得自己的积累还不够，时机还不到，方法还需研究，经验还要学习，什么东西都能成为阻碍一件事的理由，我们眼中的世界，到处是羁绊与红线。

生非异也，善假于物也。

所以说，在你还没有成为所谓的成功人士之前，不妨去观察一下他们是如何想事做事的，"取法乎上得其中，取法乎中得其下"，想成为什么样的人，不妨先去模仿那样的人。

/ 4 / SWOT 矩阵分析

我们在分析问题与解决问题过程中，情绪化的东西往往占据主导地位。在评判一件事该做还是不该做以及到底该怎么做时，也常常是感性打败理性。

如果我们多运用一些经济学方面的知识来认识生活，多用一些价值导向思维来评判是非对错，长久坚持下来，一切都会变得井井有条，效率也会高很多。

今天在这里为大家介绍一种分析问题的思维方法，叫swot分析法。

所谓swot分析，就是将与研究对象密切相关的各种主要内部优势、劣势和外部的机会、威胁等，通过调查列举出来，并依照矩阵形式排列，然后用系统分析的思想，把各种因素相互匹配起来加以分析，从中得出一系列相应的结论，而结论通常带有一定的决策性。

运用这种方法，可以对研究对象所处的情景进行全面、系统、准确的研究，从而根据研究结果制定相应的发展战略、计划以及对策等。S（strengths）是优势、W（weaknesses）是劣势，O（opportunities）是机会、T（threats）是威胁。

随手拿出一张A4纸，在左上区域标注S，右上区域标注W，左下区域标注O，右下区域标注T，这样，你就获得了一个SWOT分析矩阵图。

swot 矩阵分析模式图

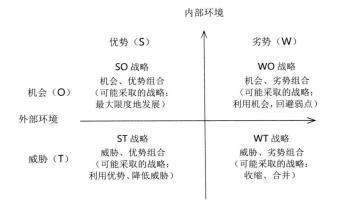

/ 5 / 从本质上看待一切，学会换位思考

不得不承认，你我都生存在一个十分功利化的时代里。而这个时代最突出的特征与法则便是"交换"。这里的"交换"是个中性词汇，并不等同于潜规则，它包含物质与精神两方面的互通有无。

所以说，从本质上来看，想让别人帮助你做某事，或是想通过你的努力获得你想要得到的收益，就必须从根本上搞清楚你所拥有的交换筹码与对方的现实所需。

我曾经写过一篇文章，叫《八条让你相见恨晚的硬道理》，第一条就是看准对方的需求再努力。

假如你口渴难耐，忍无可忍，只需要一杯水。而你的好友对你感情至深，他起早贪黑为你蒸了整整一大锅馒头，走了十万八千里路磨破了九百多双鞋送到你的身边，这对你来说是怎样的体验？

开玩笑？！生活中的我们，却经常不自觉地犯这样愚蠢的错误。有时候，不是我们不用心，更不是努力不够，而是没有考虑到对方的真实需求，把劲儿用错了方向，最终做了无用功。

你的老板聘用你，他需要的是你为他创造出实实在在的利润，所以面试时，你大肆鼓吹你的学历、荣誉、人生感悟和职业规划，都不如切中要害地告诉他，你能为他的公司带来什么利益，更能博得他的青睐。

你的爱人选择你，证明你已经得到了她的认可，此时她最需要的是你传达给她"我也同样，甚至更爱你"的信息，所以你不断证明自己多优秀，别人如何比不上你，都不如你每天陪着她、呵护她更能让她安心。

你的导师选你做他的研究生，他最看重的是你的知识架构与他的研究方向是否有交集，所以你笑脸逢迎、打招呼送礼都不如你为他的研究工作

做出实际贡献来得实际。

　　"换位思考"已经成了烂大街的鸡汤名句，我们的耳朵也已经听出了茧子，然而这句看似平常的话却包含着处理社会关系的亘古真理，它从物物交换的远古时代就被先人采纳，即看看自己手里有什么，再想想对方那里缺什么东西。

结　语

　　今天与读者朋友们分享了五个足以影响一生的思维习惯。通过多年的学习实践与阅历积累，我发现：真正让人与人区分开来、拉大差距的，往往不是那些可遇不可求的外力或奇迹，而是取决于你用什么样的角度看待、分析和解决问题。有句话说得真没错：思维决定行动，行动决定习惯，习惯决定性格，性格决定命运。

二、（简单有效）想成为一个自信的人？记住这几条

导 语

我最近比较忙，手头上也积压了很多的读者来信。读者朋友们常会向我询问些生活上的、工作上的以及亲情、友情、爱情等各方面的问题。而通过梳理与总结，我渐渐发现：现实生活中的很多问题，都最终指向简单的一点——你不够自信。

昨天，有位读者朋友直接单刀直入地问我：自己很自卑，甚至不敢当众发言，该怎么做才能让自己变得自信起来？于是我决定拿出一篇文章，来跟大家聊聊自信有效建立的方法。

其实自信这事儿分为两方面：一是怎么让别人觉得你是个自信的人；二是怎么让自己相信和接纳自己。前者不是重点，我只用两节来讨论；后者才是核心，占得篇幅也稍多一些。

老规矩，闲话不多讲，干货奉上：

/ 1 / 说话语速放缓，语调压低

首先要提醒大家的一点就是，无论你是传达信息还是表露观点，都请把你的语调压低，语速放缓。

你觉得那些侃侃而谈，嗓门高八度，争辩起来额头爆起青筋，话匣子一打开恨不得每分钟扫射出千八百字的人很有自信吗？

恰相反，很多情况下，这正是一个人心里没底、不自信的表现。

有句老话说得好：缺什么就爱吆喝什么。穷人往往爱谈钱，丑人天天秀美颜，矮子死盯人长短。自卑的人，表达观点时无法沉着与坦然。

记得韩大爷小时候参加演讲大赛，义愤填膺、捶胸顿足使尽吃奶的力气，就差把一口老血喷出来了，结果只拿了个纪念奖……准备不足，欲盖弥彰，用力太猛，过犹不及。

数年之后，一路走来，参加各种演讲辩论大赛无数次后，心稳了，嘴也就稳了。大学期间再度登台时，轻松hold住全场，一点不夸张。思路清晰，抑扬顿挫，娓娓道来，游刃有余。

所以说，想要变得自信，先得学会讲人味儿、说人话。恰如《浮夸》里的一句歌词：很不安怎去优雅。

/ 2 / 观点简明有力，不闪烁其词

有读者朋友发来简信说他有这样的疑惑：为什么都是在公开场合发言，内容观点什么的也都差不多，为什么有的人说出来就掷地有声，换作自己就没什么大反响呢？

这就涉及关于语言表达的第二个应注意的方面：节奏。

在这里提醒大家一点：在与人交谈，尤其是在公开场合发表个人观点时，多用陈述句、肯定句，少用疑问词和语气词。

我们很多小朋友比较细心，善解人意，谈话时很注重对方感受，更不敢轻易对某一个问题下断言。每每到了观点相悖的时刻，为了不使场面尴尬，也会用迂回路线避开分歧点，甚至委曲求全，迎合对方的思路。

这样的做法偶尔为之会有些正面效果，长此以往，不免会让对方觉得你没有立场，你的话自然也就没了分量。

世界上没有两片完全相同的树叶，人与人之间观点对立是个中性的现象，不可怕，再正常不过。每当大家需要你给出建议或表达看法时，语气上坚定些，态度上诚恳些，姿态上稳定些，模棱两可的话少说些。

/3/ 敢于接受别人对你的好与赞美

我们从小接受的教育是这样：别人夸你，你也不要当真啊，人家说的是客套话。如果对方说你好呢，你就要打折再打折地听，说你不好呢，你一定要多多注意。

于是乎，等一个个小朋友们长大成人后，每逢任何人对你说了一句："哎，你这方面做得不错啊，你可以试着在这方面多努力一下……"你仿佛见鬼一样闪躲不及，立马条件反射似的对他们说：哪里哪里，差得远差得远，我不行我不行，并在心里痛苦地提醒自己说，天啊，他不会想求我帮他办什么事吧……

等到别人但凡有意无意地指出你哪里做的还需改进时，你立马五雷轰顶：OMG！完了完了，我是不是哪得罪他了？

谈到这里，韩大爷眼泪都快下来了，对这部分小朋友们表示无比心疼。

其实呢，大家不必对自己如此刻薄。中国父母受传统观念影响颇深，生怕孩子骄傲，有点成绩就目中无人，你也可以把父母的警示当作一条底线，但注意，底线是一种常态下没必要用，而且用了会很不恰当的东西……

鼓励对于一个人自信的建立太重要了，一件事你做成了，别人夸赞你一句，你坦然接受，完美吸收，脑子里就会对这事倍儿亲切，下次再做会更好，这就是良性循环。

反之，别人夸你，你以为人家别有用心，没等对方表态，你自己先否决自己一万次，一个是对方以后可能再也不敢信任你，毕竟你自己说自己不行的，再一个就是你以后自己也不信自己了，恶性循环。

这里套用一句男神吴彦祖的广告词：表扬，你值得拥有。

我经得起多大的诋毁，就受得起多大的赞美。

/ 4 / 培养一个小爱好或一技之长，增强自己的不可替代性

21世纪什么最珍贵？人才！怎么才算人才？有不可替代性。

自信的人最富有什么？存在感！如何增强存在感？有不可替代性。

什么叫不可替代性呢？顾名思义，就是说，你有自己的一技之长，哪怕是洗衣、做饭、吹口哨，甚至搓麻将。

中国教育模式下培养出的我们，同质化现象很严重。从小就被告诫品学兼优，全面发展，不能片面，要做全才。然而人的精力是有限的，一味地要求自己什么都行，从另一个角度看你，也就是什么都不突出。

走向社会后，你会发现，寡头竞争不仅存在于企业之间，更存在于个体与个体之间。千招会不敌一招鲜，谁能把自己的闪光处延伸到极致，谁

就能走得更远。

　　更重要的是，培养某一方面的特长，往往能增强你的存在感。这方面的特长，可以是技能上的，也可以是性格乃至人品上的。你某方面比较突出，你这个个体对其他的个体来讲就是有价值的。有价值，意味着你会被需要。而我们常说的自信，不是一纸空谈，自信落到实处是什么？恰恰是拥有一种被人需要的感觉。大家都需要你，大家自然都相信你，大家支持你，你也会越来越相信自己。

/ 5 / 多读书、多与人聊天、多看电影

　　导致一个人缺乏自信，内心充满自卑情绪的，还有一个绕不开的原因：眼界。为什么这么说呢？人生存在于现实社会，往往会有意识地选取参照，自己拿不准，喜欢左右比较。比较会让你看到你与他人的差异，这种差异会让你感到不安，因为你把差异当作差距。

　　但比较还会带来相似，这种相似会让你感到欣慰，原来我们都一样。所以说，既然自卑源自一定范围内的比较，那克服自卑，获取自信的办法不是封闭自己，消灭比较。恰恰相反，你应当将视线无限延展扩大化，放开比较面，眼界开阔了，自然就会发现还有与你相同的人或物，整个人自然就自信了。

　　打个比方，假如你出生起，整天闷在家中足不出户，你发现自己的体毛很多，你心里会觉得无所谓，毕竟你没有参照。但这时突然把你放在一个公共浴池，你发现身边的三五十人里，大家都没体毛，只有你有。你这时不免就会产生自卑情绪。

　　这个时候怎么办？对着镜子给自己一个大大的微笑，就能解决心理障碍吗？太坑爹！这时最好的办法是把你放在老美阳光海岸的沙滩上，你豁

然发现：哎哟，原来人人都有体毛，有的比我还多，而且貌似他们还都很喜欢！这时的你，不用人帮，自己就坦然了。整个过程从全不知到半知半解，最终达到了全知。

所以建议大家，如果你发觉自己很不自信，没有关系，有可能你现在正深陷于中间的半知状态，那就继续勇敢地往前走，通过阅读量的积累，实践经历的丰富，与人交谈的加深，你自然就会慢慢过渡到临近全知的状态，那时你心中没有自卑，有的是敬畏。

/ 6 / 用生理影响心理

中国有句古话："心病还需心药医。"西方早期的心理学研究，也是将生理与心理分开来看。然而近年来学者们日渐发现：人的心理状况与外在因素往往密不可分，很多情况下，甚至是身体决定脑子。

你是否有这样的体验：生活中那些脾气差、情绪起伏不定的人，往往健康状况都不太好，或者说，他们的身体处于亚健康的状态；而那些比较爱运动，新陈代谢状况很nice的人，往往活泼开朗，心里反倒没那么多破事儿。

纵向比较也是这样，比如，你在一个氧气充足、生态宜人的环境下与恋人吵嘴，跟你在屋子里憋了一整天、皮肤干燥头发分叉的情况下与恋人吵嘴，过程与结局都大相径庭。前种状态下，你可能会嘻嘻哈哈地不当个事儿；后者状态下，你可能狂躁不堪，甚至会动分手的念头。

所以说，道法自然，内外一体。想让自己变得自信起来，不仅要注意修身养性，更要把外在的干扰因素一网打尽。

在这里建议大家：自己平时多注意卫生与健康，养成整理物品、打扫房间的好习惯，为自己营造舒心平和的小环境。平时不要吝惜一分一毛，省下点口粮钱给自己添置些新衣。与人打交道时面带微笑，当然也不必满口大牙，牵起嘴角就好。走路时昂首挺胸，目视前方，不畏惧与他人的目光交流，举止稳健优雅，保持情绪稳定。

这些看似无关大雅的细节，却能发挥出神奇的"蝴蝶效应"，让你的自信建设水到渠成，如虎添翼。

/7/ 坦然面对自卑，试着看透旁人，试着接纳自己

我从不觉得一个人自卑有什么可耻，相反，那些自卑的人往往自尊心较强，对自己要求也更高。太高，达不到；达不到，忘不掉；忘不掉，就总觉得是自己不够好。

其实，很多的问题，不光是你一个人的问题。大可以尝试一下那些你心中顶礼膜拜的大神级人物，他们上茅厕时不也是蹲着或坐着吗？难不成会飞起来？他们也有家长里短，苦不堪言，并不比你特殊多少。太白先生的一句话真是亘古真理："天生我材必有用。"每个人都是普通又特殊的生命个体，你既然存于世上，必有你存留的原因。

很多书里面都教育我们要接纳旁人，但很少有人拍拍肩膀劝你一句：坦然接受自己吧，接受这样不完美的、有些小缺点的，但同样有血有肉、有上进心的自己。

很多人做的很多事，你觉得很牛，遥不可及，但只要你勇敢地去做一些你害怕的事，从一个小胜利走向另一个小胜利，你终会发现：都是两个肩膀扛着一个脑袋，没什么了不起。

也许你现在有很多缺点，甚至是缺陷，那就有则改之，人力无法消灭的东西，那就任他去。

你在地球上溜达的这几十年，可不是给别人看的。从头到尾陪你走完

的，也就只有你自己。你是你自己最贴心的灵魂小伴侣，你常常对你的小伴侣说："嘿，你好恶心，我瞧不起你。"很蠢的，不是吗？

结　语

今天跟大家聊了聊关于如何建立自信的问题，希望对大家日后的学习、工作和生活有所帮助。为了避免知易行难的状况出现，今天提的建议都比较具体可行的。其实，一个人自信的建立不是一朝一夕的事情，当然，它也并不难。只要你顺着这几条建议的思路去做去想问题，天长日久，随着你阅历的不断累积，一份雷打不动的淡定与自信终将属于你。

三、你不需要多费力，活得正常点就可以

/1/ 能把"正常"做好，就很不容易

记得读书的时候，班上有位成绩超好的女同学，每次考试稳拿第一。

班上的男同胞们有脑子聪明的，有悬梁刺股的，但每到关键时刻，拼了老命也只有瓜分第二的份儿。

干不掉的对手就拿来做朋友，秉承着这个毫无原则的原则，大伙终于在连续被虐几年后，缴械投降，向这个安静的姑娘请教"通关秘籍"。

结果，学霸姑娘轻描淡写地说："其实也没什么啊，我就是单纯地听老师的话，叫我课前预习，我就好好预习，课上认真听，课后他留的作业，我就跟着照做，然后遇到不会的就问，问明白了就没事了。也就这些了。"

姑娘的回答多少有些让人崩溃，这对于我们这群要么疯狂参加各种VIP辅导班，要么动辄抱回家山一样高的学习资料的愚公是难以理解的。

起初大家一致认定这是学霸向我们开启了炫耀模式，我们觉得自己受到了赤裸裸的嘲讽，都不以为意。多年后，看了很多人，经历了很多事，才渐渐发现了这个既简单又复杂的道理：很多情况下，做到"正常"就可以。

/ 2 / 再怎么紧张，也得考虑人之常情

人生第一次参加演讲比赛还是在初中二年级，简称：中二期。

二到什么程度呢？白衬衫，黑西裤，就差配条红领巾。上台前咬牙切齿地把老师们手把手帮着写好的稿子生吞硬记，背得不熟还不放心，找了个同学当托，在台下举牌子，给我当人肉提词器。

那天，我迈着机器人的标准步伐走到讲台中间，左右都不敢晃动超过一厘米。横眉冷对，义愤填膺，大段大段的"台词"基本无停顿地稳定输出，嘴巴就是一把AK47。忘词是必然的，而且一忘就是一分钟，死活想不起来下一句是啥，即便台下的小伙伴一次次将稚嫩的双手高举，也没能挽回我第一次演讲的挫败失意。

大学期间参加演讲比赛，已经自然随意得多，站在台上娓娓道来，整个过程就像对着大伙聊天，传播效果却出乎意料得好。反观某位紧张过度的小伙伴，捶胸顿足，台风剽悍，讲到激动处扑通一声长跪不起，看着他那不安的样子，仿佛看到了曾经的自己。

那一瞬间使我再度感叹：很多情况下，做到正常就可以。

/ 3 / 有一种聪明叫作笨，有一种笨叫作聪明

实习期间，认识了许多优秀的小伙伴，其中有一位，可以说是个一百分的"人精"。八面玲珑，左右逢源，跟谁都能聊两句，在他的词典里，仿佛永远不存在"话不投机"。

然而就是这样一个深谙世俗规则的弄潮儿，在最终的筛选考核中遗憾

出局，Boss后来再提及此事，常会告诫新来者一句：有份平常心就可以，别太为难自己，最可怕的不是有缺点的人，而是一架看似完美运行的机器。

平时没事爱写点文字，算是个业余小爱好，偶尔把总结出来的些许经验发布出去，也收获了一些微不足道的成绩。

天长日久的，有很多读者朋友来信向我咨询类似这样的问题：韩大爷，我也想成为一名优秀的作者，我该怎么做才能快速获得技巧，进入那个标准的运行轨道？

其实，这方面的经验应该是个见仁见智的问题，以我个人的拙见，写东西最重要的反而不是什么技巧，这东西重道不重术，刨除内涵的制约因素，外在方面想要表达得让人满意，无非就一点：说人话就可以。

/ 4 / 做个完整的人，只求平均分别太低

生活里见到过无数对小情侣，久而久之发现了这样一个现象：那些大家公认的好姑娘，甚至是女神，最终找到的另一半仿佛都比较平凡无奇，有时让人大跌眼镜，让一众屌丝感慨："我女神怎么找了这么个东西？择偶标准怎么这么低？"

刚开始面对这种"好白菜最终都被猪拱了"的残酷画面，我心中也是无名火起，不知所以。后来通过不断地了解与交谈，我慢慢明白：谈恋爱不像搞竞赛，它不要求你优势项目多么亮眼，但你的平均分千万不能低。

人都各有所长，有的学富五车，有的八块腹肌，有的居家好手，有的职场精英，如果真的是优势项目最重要，那所有的追求者都会同时追到女神，因为没法比。这种情况下，看的反而不是你哪方面多厉害，而是你人格是否健全，能否让人心安，方方面面的素质是否平均，恰好还有那么一

两样东西，突出一点点。

总结起来一句话：理想的伴侣不一定要在某方面绚烂无比，只要看着顺眼，其余的参考标准按正常人去衡量就可以。

/5/ 把握客观规律，按部就班地走下去

昨晚收到一位读者朋友发来的简信，因为并不了解他是男是女，且称为"完美君"。

为什么叫他"完美君"呢，是因为他仿佛对自己的一切都不怎么满意。他抱怨着自己的平凡，言语中流露出无比的不甘，总觉得什么都得和别人比一比，最好凡事都能争来个第一名。

面对完美君的苦恼与吐槽，我这样回复道：从生理学的角度看，每个生命个体自打受精成功的那一刻起，都是亿万竞争者中的翘楚。但凡来到这世上，你我便是个胜者，丝毫不存在平凡无能之说。

至于所谓的世俗名利，也都是人为后天加上去的东西，可以拿来当作某阶段的动力，甚至是无聊时的调味品，但劝君莫挂怀，也不要太在意。

生活在中国教育环境下的娃子们，从小到大迎合着各方面的期待，承受着许多无厘头的压力，有时走得很远，掏出镜子一看，竟已认不出自己，活像个被众多嫖客玩坏了的妓女。

妓女都想着从良，你干吗还要求自己每次考试都拿优呢？这世上的优毕竟是少数，多少男女为了强争优秀，出人头地，最终都忘掉了自己的世界，只会出现在旁观者的电脑屏幕里。从这个角度讲，我好羡慕你，羡慕这个平凡又有着一点上进心、有缺点也有优点的、有血有肉的良好的你。

另外，朋友，我还要再加一句，多年以来我越来越发现：有时你越想着与众不同、标新立异，审美疲劳的观众越容易将你淡忘与抛弃。很多情

况下，想要出拳先要收力，想要逆袭先得触底。

我们追求的一切都没有那么复杂与艰辛，把握好客观规律，按部就班地走下去，等你也走得远了些，回头一望相信也会有这样的同感：你不需要多费力，活得正常点就可以。

四、你没必要为喝"鸡汤"感到羞愧

/ 1 / 这是你的人生，不是我的

今天上午收到某读者朋友的一封简信，曰："韩大爷，我是一名大学生，平时很喜欢读"鸡汤"文学，觉得对我比较有帮助。但我经常在网络上和生活中听到许多"反鸡汤"的声音，甚至流行着很多"毒鸡汤"，我看您也写过这样的文章，感觉自己很傻很惭愧。你说，我还应该继续喝"鸡汤"吗？"

我看到这条信息，先是一愣，心想现在的年轻人怎么都这么没主见了？已经到了连价值观的选择都得少数服从多数的地步了吗？鄙人一直觉得，这世界上最不讲理却又最有道理的格言就是"千金难买我乐意"。难道有什么比自己觉得好、活得舒服（在符合法律和道德的前提下）更重要的吗？没错，我是写过所谓的"反鸡汤"类的文字，那是因为觉得一小部分人喝"鸡汤"喝昏了头，已经完全不顾窗外事了，独立自主的你，干吗非得要对号入座呢？我只是普通的小小作者一枚，充其量算个"码字狗"，只是技术原因将文字变化成了一种跟书写体不一样的存在，这都2016年了，还流行铅字崇拜吗？于是乎我真诚回复道：

少年你好，见信如面。我只是个普通作者，阔别大学生活已久，但仍依稀记得老师们曾说，不要迷信权威，要思想自由，要兼容并蓄。也记得父母曾耳提面命，听蝲蝲蛄叫你就甭种地了。更深深铭记邓爷爷的指示，不管黑猫白猫，能捉老鼠的就是好猫。所以，请你具体问题具体分析，谁都没能力更没权力做你生活态度选择方面的指路人。我也曾大快朵颐地杀鸡取卵，后来觉得一部分"鸡汤"对我用处不大，弃之，有一部分"鸡汤"对我尚且管用，留之，几乎每天都读一读。窃以为，跟着所谓的"正确方向"走，人家左转你就左转，这不算什么；你要是将来功成名就，或取得了自己想要的幸福时，能有底气地跟人家说："老子就是喝'鸡汤'喝到这的。"这算真厉害。个人观点，望选择性采纳。另附：如果我发表的任何一种想法，您都能觉得有可能是错的，那就算我没白写，您也没白读。"

/2/ 人对任何道理的深刻认知，都要经历一个"否定之否定"的辩证过程

先跟大家聊一个哲学上的经典说法，叫"否定之否定"规律。如果把它应用在认识事物上，我们可以不太谨慎地得出这样的结论：对道理的深刻认知是会经历一个肯定、否定、否定之否定（肯定）的心路历程的。太绕嘴了，给大家举个例子。比如说，在我们小的时候，我们对"多喝热水"这件事所持的态度是肯定的，因为常识书上就这么说嘛，多喝热水对身体好。但当你追女神的时候，你在网上会看到姑娘们对多喝热水这个建议是深恶痛绝的，你觉得自己不对，今后坚决反对多喝热水。但再过了一阶段，你过了荷尔蒙分泌旺盛的年纪，开始踏踏实实过日子，你又会产生

这样的行为：劝你的老婆没事多喝点热水。这三个过程就是先肯定，再否定，最后又是肯定，但注意，这第三次的肯定与第一次的肯定已经有了质的区别，为什么呢，简而言之：因为你经历过了。

接下来我们说回"鸡汤"，"鸡汤"中最经典的一个结论就是告诉你：这个世界是美好的。青春期的我们曾对此深信不疑。后来，随着我们年龄的增长和阅历的积累，我们会碰一些钉子，见到一些丑恶现象，于是乎感到被骗了，"童话里都是骗人的"，这个世界烂到掉渣。这时你到了否定的阶段。但当你再往前走，到三十而立，四十而不惑时，你就会有这样的体会："这个世界，其实还是美好的，只是这种好跟最开始想象当中的好不太一样，但终归是好的……"最终你达到了否定之否定的最高境界。

所以说，先别急着怀疑最初的方向，很多情况下，不是你的初心错了，而是你距离发生质变的积累量还差得远。还有另外一个情况：请你扪心自问，当你信"鸡汤"的时候，你全信了呢，还是半信半疑呢？假如"鸡汤"就告诉你两条：第一条告诉你人人可以获得想要的人生；第二条告诉你要脚踏实地地努力奋斗。我敢说我们很多说"鸡汤"没用的人恐怕都只践行了第一条吧……无论鸡汤、鸭汤、佛跳墙，人都在本能上选择汲取最让自己安逸的东西，你想想，即便你信奉"毒鸡汤"，不也是选着那些最有利于你的说法和最让你不费劲的话来听吗？这在传播学上叫选择性理解和选择性记忆。所以，还真别觉得站队有多重要，我今天就告诉你，努力，就是比选择重要。不信？活久见。

/ 3 / 把坐标定位到太阳，你才有希望射在树上

唐太宗《帝范》卷四有曰："取法于上，仅得为中，取法于中，故为其下。"

翻译过来就是，把眼光和水准调高一点，其实是件好事，把坐标定位到太阳，才有可能射在树上，把目标定位到树干，你能射草上就不错了。你千万别忽视人的惰性，它发作起来比你想象的要可怕。我举个现实生活中的例子：我的大学同学张浩毕业时找了一份销售员的工作，刚入职什么都不懂，公司老同事欺负他，骗他说每月的个人销售业绩要达到300万（真实情况是100万就可以）。张浩听了吓得直哆嗦，每天拼命跑业务拉客户，最后勉强只收获不到200万的业绩，急得直想哭。没承想月底工作总结时，他是所有员工中的销售状元，立马平地升官，晋升为主管。试想一下，要是当初大伙没这么忽悠他，以他那懒散的性格，估计能到50万就不错了，坐等被开吧。

"鸡汤"就是这样的东西，它看似好高骛远，仿佛永远站在价值制高点上拿鞭子抽你，让你觉得它站着说话不腰疼，但你真的望着那个山头拼命跑下去，即便最终到不了顶峰，回头一看，你也把抱着"毒鸡汤"混日子的人甩得老远。而当初嘲笑你拿"鸡汤"疗伤的人，他们一片坦途时趾高气扬，但凡遇到点磕磕碰碰，躲在角落里舔舐伤口时，比你更渴望"鸡汤"的滋养。

人是最会哄自己的动物，而且人也真的需要好好哄自己，这在心理学的角度讲，叫自我催眠的效果：人类具有利用自我意识和想象的能力，可以通过自己的思维资源，进行自我强化、自我教育和自我治疗。

心理学的一位老师为我们授课时讲过这样的例子：有一天早上她走进办公室，同事们商量好了要戏弄她。于是A见到她马上说："哎呀，你气色怎么这么差，昨晚没睡好吧。"其实她睡得很好，所以她不觉得有什么。但是B进来后见到她也说："呀，你肯定昨晚没睡好，气色真差。"这时她心里已经有些犯嘀咕了，等到C又说了同样的话后，她完全相信了。最后，当她见到同事D时，自己就跟D抱怨："你看我昨晚没睡好，气色好差。"这就是负面的自我催眠的力量，而"鸡汤"文其实就是给你做正面自我催眠的东西。爱笑的女孩运气不会太差，"毒鸡汤"会告诉你"长得好才存在这种规律"，然而那是横向比较，如果只跟自己比的话你会发现，经常笑笑，以后的运气真的会比以前好。而从传播学的模仿理论来看，你模仿太阳，做不到它你也是盏光明的灯。鸡汤教你做好人，而这个世界的根本法则还真就是：你想做成事，先要学做人。还不信？活久见。

/4/ 二十多岁的你敢于坚持自己的选择，本身就是种勇敢

你说，在这样的时代，在你二十多岁的年龄段里，是喝"鸡汤"的人活得轻松一点，还是喝"毒鸡汤"的人活得轻松一点呢？我觉得后者更轻松。为什么？根本就不用使劲儿，一切都靠钱和颜，老天爷帮你设定好了，放任去吧，宝贝！然而，咱们从"毒鸡汤"的逻辑倒推，你都既没有钱又没有颜了你还不努力，跟着人家一样说这不好那没用的，你还能有多大出息？

我曾经无数次说过，这世界上最不费劲的就是手里捧着可乐和爆米花，坐在台下当观众的路人甲了，人家压根儿就不用登台，嬉笑怒骂就是了。而你我，却需要用多一倍的努力去证明，用比别人少一倍的本钱去验证：老子是对的。公平吗？确实不公平。但是，这样坚持的你，值得被所有人尊重。科比退役了，所有人都记得他"凌晨四点的太阳"的经典桥段，也有不少"毒鸡汤"拿这个黑过无数次，然而二十年过去，结果怎么样？每天坚持凌晨四点起床训练的科比赢得了包括竞争对手在内的顶礼膜拜，连中国的转播方都要把开播时间定到凌晨四点向他致敬。而黑子们呢？最终都成了凌晨四点手机朋友圈里的刷屏党。

人不轻狂枉少年，不喝"鸡汤"白年轻。朋友啊，你才区区二十岁，

根本没必要少年老成，因为别人的几句闲话就把自己贬得一文不值。大家很有可能就是随口一说，别人怎么生活是他们的事，凭什么让这些干扰到你内心的选择呢？你听说过所谓的"过来人"告诉你："小鬼，别幼稚了，梦想就是个屁。"那你就没听过星爷也对你说："做人没有梦想，跟咸鱼有什么分别？"

高晓松的那句"人生不只有眼前的苟且，还有诗与远方"被一部分人黑到了天上。说什么高晓松是功成名就之后拿这种"鸡汤"消费人的情绪。但我们平心静气地想一想，人生本来就不该只有眼前的苟且，生而为人，如果连诗与远方的向往都丢了，干吗不直接生而为猪狗呢？嫌喘气麻烦的话干吗还要活着呢？再者说，这牵扯到一个鸡生蛋还是蛋生鸡的问题，你考虑过没有：到底是人家成功之后拿这些格言欺骗你的呢？还是人家当初坚守了这份信念才最终取得你眼中的成功的呢？要是少年中国之少年在二十多岁的黄金岁月里便开始老气横秋，满肚子毒水，真是无法想象他们五六十岁时会变成什么样。也许这就是所谓的"不是老人变坏了，而是坏人变老了"吧。所以，请屏幕前的你，无论信奉哪种人生哲学，都不要轻易被别人拐走，保留住心里那份最珍贵的勇敢，卷起衣袖，手持利剑，跟这个不好不坏的世界周旋到底。

结 语

　　在太阳系中这片唯一的生命栖息地上，没有什么事值得你拿出羞愧的情绪。在不影响他人正常生活的前提下，唯一值得你羞愧的事情，就是你脑子装满了他人的意见，轻易地放弃了自己的选择与初心。价值观如此，事业、友情、亲情、爱情，同理。

　　（请你相信，我所说的话，有可能，都是错的……）

五、亲爱的，你别慌

/ 1 /

马上就要放暑假了。

昨天晚上，一位大学生读者向我咨询："韩大爷，我今年大二了，想利用这个假期充实提高一下自己，为将来就业做点准备，我该做哪些事？"

我吓了一跳。

虽说当前社会竞争激烈，就业压力也不小，但也不至于提前两年就开始找工作吧……

我带着一丝钦佩问她："你想从事什么工作啊，将来？"

她目标倒是蛮明确："我想考公务员。"

我一想这简单啊："那你就利用暑假空闲的时候，上网搜集些信息，查查相关资料，心里先有个备考的大概。"

她半天没回复，可能在等着我补充什么，当然，我已经说完了。

她见状追问道："然后呢？"

我略有惊愕："什么然后？"

她解释说："这些肯定花费不了我多长时间啊，那其他时间我该干什么？"

这一句把我问住了，我想了想："如果想的话，还可以看看书啊，做做运动啊，总之干一些自己喜欢的事嘛。"

她显然对这个建议不太满意："可是，我一天除了吃饭睡觉，还剩十五个小时呢，刨除备考和做做运动什么的，我还有大约七八个小时，我是不是再干点别的？比如说学一门外语，再学点技术，还有时间的话……再出去打打工什么的。"

我笑了笑，仿佛看到了曾经的自己，并没有解释太多，只对她说："我跟你打个赌，这个假期，你能完成备考和健身这两项任务就不错了。"

她心有不甘地问："可是，可是这样做好冒险啊，你说万一我公务员没考上怎么办？我得趁现在做两手，不，多手准备啊，现在就业那么难，我如果不拼命努力，我……"

后面又是一大段前景描绘，可能天气热的原因吧，读完之后我汗都下来了。

我一句一句跟她讲：其实呢，也对，任何工作，都是存在淘汰率的，即便你去餐厅找活干，人家也要先试用你两三天再说呢。在这个动态平衡的时代里，永远是存在"万一"情况的。但你也不要过分盯着万一，因为背后还有万分之九千九百九十九的可能性。很多事情就是这样，你越是担心万一，就越不好集中精力，最终怕什么来什么，你就会成为那个不幸的万分之一。

另外你提到的就业特别难，我不知道是谁告诉你的，媒体吗？要知道依据媒体同行们的标准，某项专业就业率跌破百分之八十五，就会被渲染为"红灯专业"，而且还是初次就业率。

我猜，一些人所谓的找不到工作，多半指的是找不到那些活少钱多离家近的工作吧。说实话那样的工作是蛮难找的，我个人也找了好多年呢。

我曾经在我的读者当中小范围地做过一次调查问卷，他们基本都是刚刚大学毕业一年的小朋友，重本、普本、专科都有。结果显示，刚刚毕业时就签下工作的占百分之八十以上，剩下的即便没正式签约也没差多远。当然，前半年内大家的薪资水平和职场位置都低得可怜，但一年过去后，有的通过内部晋升，有的直接攒了个履历跳槽，有的甚至跨行转业，几乎都取得了长足的发展，而且还能看出未来广阔的前景。

很多事情我们都说难，但要知道难跟难之间也是不一样的。是永远难还是暂时难，是从某个要求上看比较难还是无论怎么都难……你看问题的视野不同，心态也就不同，精力的集中度不同，结果就更不相同。

/ 2 /

我在一些平台上公开发表文字也才三四个月，不敢说取得了多么大的成就吧，也就在这个竞争者动辄数十万上百万的行业里稍稍站住了脚，幸免于沦为炮灰的灾难。

记得刚刚开始发表文章的时候，一些好心的朋友就劝我：啊呀，你这一天才发一篇文，不够的呀，你要以量取胜，最好是再编一些段子什么的……

也有一些朋友病急乱投医，甚至劝我去一些热门文章下面抢沙发，博取他人的关注。

但我天生做事拖泥带水的，还要面子，对这些计策与套路也就答应一声后，不了了之，然后继续以我那蜗牛搬家的节奏，一点一点地弄。

第一个月，关注人数破千，一些文章得到了许多大号的转载。朋友们劝我趁热打铁，抓紧把平时的琐事放一放，提升下曝光率。说实话，我反而觉得这个速度有点快，甚至有时会开个小差，强迫自己，慢一点，再慢一点地来。

第二个月，关注人数破五千，已经有两位图书编辑找到我，要给我出书了。

朋友们劝我抓住机遇，多翻翻关于写文章的书。可我仍然不紧不慢，有思路就写，没有什么好的想法也不硬憋。

有位朋友急了，质问我每天大把时间都在干吗，写个稿能花多长时间？我说我每天打稿子也就俩小时，剩下的时间该干吗干吗。她问我为啥不利用大把时间提升写作效率和能力？

我说，我每天正常过日子，就是在提高写作能力……

第三个月，关注人数破万，自然有一些人找到我，想让我在文章中植入点广告，或者给我报酬，请我转发些相关宣传文案，我都婉拒了。

有人说我傻，有钱不赚。有人说我装清高，摆出知识分子的矫情和穷酸。傻倒是承认，智商一般，但倒没有多清高，只是抱着最低俗的想法在坚持：我不能把牌子砸了，我要放长线钓大鱼，将来赚更多的钱。

很多的成就，工夫在事外。许多的事情，急是急不来。

/ 3 /

我对一些人们普遍认为对的，或是紧急的事情，其实本能地抱有一些警惕。

也不知道哪来的矫情劲儿，心里总觉得什么时间就该干什么事，刻意打乱节奏，就不踏实。

我更是一个对"流行""时尚"这类东西天生没什么概念的人，总是晚别人一步才接触到新产品，别人用MP3了，我还在将随身听视若珍宝，别人都用上果6、果7、果8了，我用稿费换了一部国产机都会兴奋好几天。

当然穷也是一部分原因。

说起穷，有些事情就更让我搞不懂。"穷"好像是个活该被烧死的词汇，尤其对于年轻人来说。每天收到的年轻读者来信，超级多的人都在问我类似如何两年捞他个一百万的问题。

我从没回答过这样的问题，首先因为我不知道。其次，在我的幼稚而肤浅的世界观里，年轻人，相比起来穷一点难道不是应该的吗？刚从校园走出来，除了你爹是某刚，谁给你这么多啊？再说为啥必须要两年拿一百万啊？老板交代给你抢银行的项目了？

然后我就多半会收到这样的答复：买房啊。

此时我脑海里会奔腾过一万个岳云鹏：我的天啊，疯啦？年轻人有一百万干吗要急着买房啊？

记得两年前吧，跟一个美国大学生聊天，当时房价问题就已经炒得很火了，我就问他："你们美国年轻人比较独立，父母不给你们买房子吧，那你们怎么买啊？"

他当时也一脸茫然："买房？不不，不买，我们年轻人不买房，父母也不买房，爷爷奶奶都不买，除非是什么时候行情不错，我们手里有闲钱的话，买个房子，当作投资项目，并不会自己住。"

我傻傻追问："那你们住哪儿啊？"

他理直气壮地笑答："当然是租房啊！我们年轻人刚出来工作，手里的钱都会花在其他投资地方；父母倒是有充裕的资金，但他们喜欢旅行，有房产的话对他们来说无疑是个累赘，他们都是走到哪儿住到哪儿，四海都是家。还是你们中国人比较有钱啊，年轻人手里都有那么多钱。"

我回复道："也没有，多半靠按揭和贷款，之所以这么做，是因为东西方观念不同，我们比较在意一份安全感和稳定感。"

他认真起来："说实话，我们就很难理解你们所谓的安全感，我们也谈安全感，但来源不同，我们觉得自己强大最安全，我们都有明确的人生规划，但并不急着把买房当作什么目标。你们可能把（house）与（home）弄混了。"

他说得好有道理，我竟无言以对。

/ 4 /

动画片里的主人公往往都具备着一个令人羡慕的超能力：瞬间移动或时间穿越。

这个设定真的是把人所生存的时空虐得渣都不剩。

而人哪，也常常把欲望当梦想，长大之后也对这些逆天的超能力流露出狂热的渴望。

于是我们看到，一切时间能挤压就挤压，一切过程能省略就省略，人们的目标感空前强烈，我们将一个个目标放进表格，并为其标上鲜明而精准的日期，脑子里的判断很直接：做这个有用一些还是做那个有用一些？

然而，生活不是算术题，上帝也不是个会计，要是人人手里都有一个人生遥控器，那从摇篮到坟墓也就是几朵鲜花、几声喝彩的距离。

当我们把线性的，甚至是三维立体的生活简化成一个个时间点，你会发现省略掉艰辛的同时，你也舍弃了更多的滋味与快乐。

姜文拍完《让子弹飞》后接受访谈，主持人问他是否介意自己一天天在变老，没有了年轻时的好记性和好精力。

姜文大手一挥："老就老点呗，记性差点也好，记得事儿太多了累，而且你也未必记得准。为什么要为很正常的事感到慌张呢？有老年才有意思呢，只想过十八岁是愚蠢的。"

我想，这样从容悠然的态度，反倒延展了生命的另一种长度吧。

　　在打算写这篇文章的时候，总觉得它有点不够"正能量"，毕竟当今时代处处都在渲染着更高更快更强。

　　既然如此，那在文章的结尾，送给大家一句符合年轻人狂躁心理的一句话吧："天行健，君子以自强不息。"

　　但也请你留意，这句话的原意是：做事要顺应天道规律，而不是来回瞎忙；真正的君子，懂得细水长流，拥有长远目光，生生不息，方能自强。

　　也正是我说了这么多，只想告诉每一个你的一句话：亲爱的，别慌。

六、心急的你，别再破罐子破摔了

　　不知道你是否有这样的体验：事情越多，反而什么都不想做。要解释的东西太多，就干脆一句都不想说。一件事中途遇到些波折，就干脆把所有的都推倒重来。爱情里不顺心就分，友情里不投机就散，无论多么喜欢的东西，如果全部得不到，那就一丁点儿都不要。最终你什么都没做成，什么都没得到，填充进胸口的只有满满的自责。

　　生活里，我从不嫌弃这类人，曾经的我也是这样。我深深理解，这类人不是懒，不是烂，只是太心急，对待一些东西过于追求完美主义。

　　斗地主的游戏我们都玩过，牌都是随机发放。在某一局中，你可能拿到一手好牌，顺得不行，此时你春风得意，一切尽在掌控之中，恰如我们脑海中生活的理想状态，未来都在做匀速直线运动。

　　但现实情况却不遂人意，你也可能抓到一手烂牌，准确点说是不好不坏的牌。地主的三张底牌又是2又是大小王的，你心理防线基本就崩溃了。此时的你会怎么做？相信很多人都会选择坑队友，从头到尾消极应战，向苍天祈祷这局抓紧结束，赶快试下一把的手气吧。

　　然而你不知道的是，可能地主手里的牌也很烂，队友手里的牌也可能还蛮好，只要你不破罐子破摔，然后牺牲自己手里的牌去和地主死掐，给队友喂牌，是很有可能扭转战局的。

这不仅仅是一种打牌技巧，更是一种割肉止损的意识和自我调控的能力。

生活里也是这样，一切都处于变动之中，很多设定都处于不太可控的状态。你昨晚计划今天清晨起床完成任务A，下午完成任务B，晚上完成任务C。结果大早上别人的一个求助电话打乱了你整天的计划，忙了一上午终于没事了，顿觉心好累：靠，既然A做不成了，B和C老子也不做了。

但一个理智成熟的人不会这样想，他们往往很自然地觉得：嗨，既然A没做成，那就先放一放，抓紧把B和C做了，免得损失更大。

所谓思维习惯决定行为后果，就是体现在这里。

人都爱打顺风球，喜欢干临门一脚的活，很多事要么不做，做之前必须占尽天时地利人和，然而当一切准备工作都做好了，机会也就被你错过了，要么就是好不容易上手去做了，中途遇到点意料之外的偏差，你又觉得时机不佳，下次再来，虎头蛇尾的悲剧就是这样酿成的。

一个理智成熟的人是怎么想的呢？他们的思路恰好相反，他们是先占住机会然后再去找资源，中途的问题矛盾遇到一个解决一个，这条路走不通就迂回一下绕过去，拐弯抹角，步步为营地向目标进发。一路上他们磕磕绊绊，三步一栽五步一倒，计划被打乱基本是家常便饭。然而他们毫不在乎自己已经失去了什么，他们的眼里只有前方和下一个前方，他们不断俯拾碎片，就像滚雪球一样，虽蛇头，却是虎尾。

这几天恰逢高考结束，读者来信中也是哀号一片，很多人都在担忧自己没有考上理想的大学，觉得人生也会就此完蛋。但有位读者朋友的提问稍有不同，他也是今年的考生，最终成绩与本科分数线只有一分之差。他在平静地陈述完心中的遗憾与苦闷后，紧接着又问了一句：进入专科阶段后，我需要做哪些事情来弥补与本科同学们的差距？

单单是这简短的一句话，顿时让我对他好感倍增，强者的视线永远聚焦于下一秒，不为一城一池的得失所挂怀的人，总是让人很放心。

生活里的一切都是这样。你要清醒地知道：这个世界上没有最优选的。但是，次优选择倒是有很多。

面对次优的结果，你要还是不要呢？不要，你一无所有。要了，你就继续保留着晋级通关的权利。

手里握着一个破罐子，先别急着摔，摔了，你连破罐子都没有；不摔，修修补补，哪怕仅仅是压在箱底留着，说不准哪天就能用得上。

记得读中学的时候有一篇课文，叫《走一步，再走一步》，其实所有目标的实现都是一步一步拿下来的。

心急的你不要随手扔掉眼中的"垃圾"，垫在脚下，继续前行。

七、一个真正成熟的人应具备的8种品质

导 语

生命是一段旅程，人生是一场修行。一路走来，渐渐发现，那些真正心智成熟、人格健全的人往往最容易获得世俗的成功，抑或是更能早日达成心中的理想愿景。

老话说得好：先学做人，再学做事。那今天，韩大爷就与大家聊一聊，一个真正成熟的人应当具备哪些美好的内在品质。

/ 1 / 对自己负责，不轻易扼杀变好的可能性

我们每个人应当承担的最大的责任，是对自己的责任。

一个真正成熟的人，是不允许自己荒唐度日、浑浑噩噩、自暴自弃的，因为所有的这些对于他的人生来讲，都毫无意义，准确地说，是在消解他的自由，扼杀他未来的选择余地。

一个人为什么要努力？为了把某个他比下去还是为了丰富吹牛时的剧情？都不是。一个人的努力，归根结底是为了他自己，为了自己在飘忽不定的汪洋大海里，随时都能有回旋的余地，为了自己在将来的旅途中，随时都保有说"不"的权利。

不为眼前的享乐而冲昏头脑，时刻提醒自己不做温水里的那只蛙，用暂时的约束换取未来更大的自由与希望，是一个理性人最应具备的美好品质。

/ 2 / 面对苦难有勇气，面对矛盾有耐心

鲁迅先生曾说：真的猛士，敢于正视淋漓的鲜血，敢于直面惨淡的人生。做到前半句不难，只要你没有晕血症就行……难的是做到后半句。

人都爱打顺风球，爱走下坡路，期待一切水到渠成，不费吹灰之力。然而现实的生活永远是一团糟，都不用大灾大难，平素里的繁杂琐事就足够折腾得你没脾气。面对大事小情，人的第一反应永远是逃避。然而，在这艘逆流而上的小船里，每个舵手都没有停下来喘息一会儿的权利，逃得过初一逃不过十五，这件事避避就过去了，接下来还有更大的旋涡在等着你。

一个真正成熟的人，在面对大事时永远会逼着自己拿出高人一等的

勇气，因为他们知道，最完美的人生不是抓到一手好牌，而是打好一手烂牌；一个真正成熟的人，面对乱麻般的小事时永远会提醒自己保持一份耐心，因为他们知道：没有什么问题是不能沟通的，没有什么矛盾是不能解决的，只要太阳照常升起，就永远有机会慢慢地解决问题。

/3/ 乐观而豁达，积极入世却永葆初心

长久以来我发现，在不同性格人的眼中，这个世界上的每件事几乎都是不一样的。

消极悲观的人往往会看到事物比较糟糕的那一面，即便面临比较顺利的情况，也会平地起波澜，感慨万千。

而那些积极豁达的人，往往会将注意力聚焦在机遇与转折点上，用轻松乐观的心态将自己所有的热忱点燃。

其实作为亿万平凡大众一员中的你我，大家的命运都差不太多，所区分开的是，你用怎样的态度去面对生活。谁都经历过世态炎凉，谁也都体会过人情冷暖，重要的不是你曾被这世界伤得多深，而是和这个世界交手多年，你是否光彩依旧、兴致盎然。

成熟的人，从不避讳这个社会的复杂与世事的艰难，但他们永远会在适应规则的基础上，让自己看到美好的一面，并拒绝让心底的纯真受到外界糟粕的浸染。

/4/ 懂得原谅，不让自己沉浸在回忆里

人的一半痛苦，出自对于往事的介怀。如果说不切实际的人喜欢活在

未来里，那么不够成熟的人往往喜欢沉浸在过去。

然而，回忆是最不靠谱的东西，不光记得累，而且记不准。更何况，人总是喜欢讲故事给自己听，长此以往，就会永远沦陷在"假如当初"和"我本应该"的无限循环里。

成熟的人，懂得释怀，懂得原谅。对过往的一切遗憾选择释怀，原谅伤害过自己的人，也原谅自己。

懂得与过去做个了断，是种勇气，更是一种智慧。《马男波杰克》中有段经典对白："波杰克，当你伤了心，就奔跑吧，一往无前地奔跑，不论发生什么。你的人生中会有人想要阻止你，拖慢你。但别让他们得逞，不要停止奔跑，不要回顾来路。来路无可眷恋，值得期待的只有前方。"

/ 5 / 拒绝拖延，给自己不断找动力

人是最向往安逸的动物，就连朝气蓬勃的年轻人，在择业的时候也在默默祈祷着一份"稳定感"。

然而生活总是这般调皮，你越是追求安逸，就越是无法稳定，越是向往安息，就越会脱离土地。

活得越久越发现：最让人心累的不是忙碌，而是虚度。

政治学中有条著名的"帕金森定律"，运用在时间管理上曾获得过如下结论：

"只要还有时间，工作就会不断扩展，直到用完所有的时间。"

这个结论很精准地抓到了人们拖延症缠身的根源。举个例子：小时候我们国庆放长假，一天就能写完的作业任务，我们一看有七天的时间，完全够用，便会不自觉地拖了又拖，到最后玩也没玩踏实，作业也没写完。

成熟的人，拒绝拖延，不会选择活得过于安逸。他们的心中永远有眼

下的目标与长远的考虑，步步为营，一步一个脚印。

/6/ 不与他人盲目攀比，宠辱不惊，看淡名利

我曾在一篇文章中写道：六岁的你喜欢谈论其他小朋友在玩什么玩具，十六岁的你时刻注意身旁同学考试分数的运行轨迹，二十六岁的你聚会时不忘追问死党混得多好，三十六岁的你抱怨儿女怎么就没别人家孩子有出息，四十六岁的你渴望天下人知道你老公的事业如意，五十六岁的你为了所谓的脸面跟邻里吵嘴斗气，六十六岁的你歪着嘴巴入土，留给子孙后人一声扼腕叹息……你这一生没忙别的，所有的精力都投入到了跟一切生活里的假想敌们比来比去。

其实，人这一生，匆匆数十载，最低效的时间管理方式就是沉浸在别人的剧情里，最不值得的活法就是活在别人的嘴里。真正成熟的人，懂得看破这一切纷纷扰扰、光怪陆离，因为他们知道，最终能陪伴自己走完漫漫长路的，只有自己。

/7/ 博学而谦卑，常怀敬畏之心

苏格拉底曾说：知识即美德。一个人成熟与否，并非空穴来风，它取决于你的眼界与高度，取决于你的视线能辐射到多么宽大的天地。当你通过不断地学习与经历，见到更多的人，听过更多的事，了解了更多的道理，窥探了更多的奥秘，你就会收获如大海般深邃的底蕴，如天空般宽广的胸襟。

知识的沉淀不仅能让你更加富有人格魅力，它还会让你得到最根源上

的自信，而这份自信，来自你对头顶星空的敬畏，当一个人懂得仰望一些东西，他的心中就会产生属于自己的道德纪律。

读最一流的书，看最经典的电影，与智者交谈，与仁者交心，活到老学到老，最持久的成熟源自于不断地充实与丰富你自己。

/8/ 热爱生活，懂得取悦自己

《苏菲的世界》一书中曾有过这样一个比喻，让人印象深刻：世界是魔术师无中生有变出的一只白兔，我们每个人都仿佛兔毛尖儿上出生的小"跳蚤"，好奇地打量世界。

随着年龄的增长，大多数"跳蚤"贪恋兔子毛皮深处的温暖、舒适，逐渐从兔毛尖上掉了下去，从此闭目塞听。但依旧有为数不多的在吃力地、坚持不懈地牢牢抓住兔毛尖，想窥见白兔的全貌，甚至想发现魔术师的踪影。这些不肯坠落的"跳蚤"，通常被称作"哲学家"。

我们常说要有赤子之心，要永葆初心。什么叫赤子？根据词典释义，赤子指的是婴儿。什么叫初心？初心即你来到这世界上脑海里最初的意境。

所以说，什么叫懂得生活？怎样才算真的成熟？知世而不世故，不被柴米油盐所牵绊，懂得取悦自己，茶余饭后漫步到兔毛的顶端，时刻对你周围的一切抱有好奇心和想象力。

结 语

今天与读者朋友们聊了下成熟的人应具备的一些美好品质，希望大家以此为标准，将自己塑造成为一个成熟理性、颇具魅力的人，过更好的生活，遇见更好的自己。

八、一切都没你想的那么难

有读者朋友最近问我：中考难不难？高考难不难？正备战考研，考研难不难？

挺有意思的，当我们面对任何一项挑战时，我们很少问自己：我该做哪些准备？距离目标的达成，我还欠缺什么？把大目标拆分成小目标，我每天任务量是多少？

而是习惯性地找个"过来人"拉过来问一句："哎，你说难不难？"

我们在行动之前乐此不疲地搞调研，倒是蛮专业，问一个人觉得样本选取不够广泛，当对方跟你说"不难"时你心里没底，必须接着问几个，问来问去，直到问出"难"来了，才肯罢休。

可这时你不光不问了，连做事的劲头也没了。

面对这个挺难回答的"难不难"问题，我的一般回复都是："没你想的那么难。"

/ 1 / 我们经常会夸大问题的难度

我们都是孩子，或都曾是孩子。而中国娃娃们从小接受的教育基本上都是自卑导向的。

我们历来就有中庸谦逊的优良传统，但在教育中这些深邃思想经常会被父母和老师断章取义，甚至是误读。

于是，小时候的你，即便考取好成绩，老师也会当头棒喝浇一盆冷水："不许骄傲啊！只是你这次发挥好而已。"小时候的你，即便得到了左邻右舍的交口称赞，父母也会扮演起你心中的小黑人角色，提醒你："他们说的都不是真心话，别人的赞扬要打折再打折地听。"

看似深谙谦虚低调之道的我们一路低头走来，领先对手三千里也不敢喘一口大气。这是一个宁可当乌龟也不愿做兔子的心路历程，其实也是在不断地否定着我们自己。

中国有句古话：三岁定八十。这不，还没到八十，才十八，孩子们就在对比中觉得：大的是问题，小的是自己。

当自己拿捏不准问题的大小了，我们只能寄希望给所谓的"过来人"，毕竟他们有经验。

但这些过来人也会经常有意无意地喂你一口"毒奶"，明明没那么难，他们也会递上一句："唉，不简单啊不简单。"

原因有二：

首先，虚荣心。虚荣是人类最大的原罪，甭管你是初生牛犊还是老油条一支，面子都是必需的。于是，假如我刚刚参加完一场高考，成绩居然还不错。这时候一个大眼睛忽闪忽闪的萌妹子颠颠儿地跑来问我："帅锅，我马上要高三了，你说高考难不难哇？"

这时我即便心知肚明当初自己是瞎猫碰上死耗子没怎么用力就考过了，也得回答她一句："唉，难度还是不小，一般天赋不足、情商智商双告急的人，是无法企及这座人类智力高峰的！"

靠，难道老子要回答一声"特容易，是个人就能过"吗？那老子在妹子面前还哪有权威可言？当"前辈"最爽的是什么？存在感！

另一个让"过来人"刻意夸大问题难度的，就是逃避责任与排他心理了。

我刚刚开了一家公司，卖丝袜的，利润还不错。这时隔壁张三跑来问我："哥，我也想开个公司卖丝袜，你有经验，你说这事儿难不难？"

此时我的心理活动是："老子要告诉你一点也不难，你回头亏本了岂不是会埋怨我忽悠你，说我把你带上了贼船？那老子必须说难啊。再者说，你也想卖丝袜？你这不是抢我饭碗吗，擦。"

于是最终，我对张三脱口而出："难，现在没人买丝袜，大伙都流行穿秋裤，所以特别难。"

我们常说：不听老人言，吃亏在眼前。这是事实不假。但往往我们忽略了另一个真相：皆听老人言，问题老大难。

/2/ 多用理性分析，提防感性渲染

面对突发状况人的第一反应往往由情绪操控而非理性分析，这是人之常情。就好比女友意外怀孕了，你肯定不会第一时间就去琢磨无痛人流哪家强，而是张嘴一句：哎哟，妈呀。

但你个人心态能调整到什么水准，路能走多远，基本上是看他能在多大程度上克服各种"人之常情"。所以奉劝你，遇到事情时，多冷静思考，提防被情绪化的东西占领智商高地。

就拿高考这件事儿来说吧，如果你没有经历过它，只是根据自己的想

象与旁人的"指点"来看，你很容易做出感性化的推断：哇，全国有那么多竞争者，哇，高考是座独木桥，呀，自己学习向来不怎么好，呀，还只剩一个月供我逃跑……

抱着这样的心态对待即将到来的事情，在剧本里注定是炮灰，基本上活不过两集。

如果我们试着跳脱出来，用冷静的旁观角度理性分析这件小事就很容易看出：高考是一项劣汰性考试，说白了就是过滤掉情商智商双双亮红灯的个别分子。

再看号称数百万的竞争对手们，抛却前三分之一让你使出吃奶的力气也难以望其项背的超能外星人，再扣掉后三分之一堕落颓废破罐子破摔的人，真正能与你在竞争中存在交集的，至多也就中间这三分之一。而这其中，又包裹着一些心态不好蹲在墙角的，顶风作案想打小抄的，突发意外临阵脱逃的，跑肚拉稀没发挥好的，等等。只要你心态正常，与平时一样，顺利通关真的小事一桩。

有时候，即便有一万个人告诉我们没问题，我们也会不放心。这很正常，原因只有一个：你没经历过，它对你来说是个未知。

未知不同与全知，也不同于一丁点不知，是只知道一小半，剩下的一大半，只能靠猜。而猜疑的结果只能是怀疑自己。

举个例子：青春期的你很爱看苍老师的片，你发现男主威猛无比，觉得这事自己做不来，心理阴影面积无限大。然而后来你发现，so easy. 原因在于什么？你嗑药了？并没有。只是当初的你处于半知状态，便猜想说天下同胞一般猛，从而忽略了女主高超的演技。当你也成为"过来人"后，你就发现，Just so so.

所以印度精神导师，克里希那穆提曾说出振聋发聩的名言：我们的恐惧源于未知。

我们怕鬼，因为我们未知，你想过没有：鬼的战斗力可能还不如人类。

我们怕竞争，因为我们未知，你想过没有：和你竞争的都是同样胆怯的同类。

/3/ 用挑衅的态度戳破一切"不简单"

困难像弹簧，你强它就弱，你弱它就强，就是这么调皮。

很多时候，看似神秘的东西，往往只是那层面纱比较神秘，戳破窗户纸后放眼一看就发现：没啥了不起。

但薄薄的一层纸摆在那儿，却很少有人敢上前戳破它，而用于突破心理障碍，用挑衅的姿态放胆试一试的人，最终都尝到了甜头。

1950年世界杯，发生了历史上最出乎意料的一次爆冷。美国队1比0绝杀英格兰，被传颂为一段佳话。

当时的双方实力是这样的：号称"现代足球鼻祖"的英格兰队是不屑参加前三届世界杯的，他们曾以6比1的分数碾压过国际足联明星队，当他们1950年决定来世界杯玩玩的时候，目标只有一个：冠军。

而美国队的实力只能用可怜来形容，当时的美国足坛连"足球荒漠"都不配形容。当时的美国国家队队员基本百分百都是业余选手，他们有的是超市工人，有的是卡车司机，有的是全职奶爸，有的是办公室白领，代表国家出征，全凭个人爱好……

这场毫无悬念的比赛就这样不温不火地开始了。上半场，英格兰保留实力，闲庭信步陪着美国队玩，双方双双挂零。中场休息时，美国国家队守门员激励队员们说："谁说我们就一定踢不过对面那十一个呢？大家下半场放下包袱，尽情进攻，小心防守，不求一招毙命，能拖到加时赛就好，等到了最后的点球大战，你们看我的！"

到了下半场，"三军用命"，美国队队员个个像打了鸡血一般，疯狂反扑，打的英格兰队完全摸不着头脑。结果是，在终场哨声响起前，他们奇迹般地完成绝杀，美国队就此创造了世界杯历史上的最大冷门。

什么事都禁不住有勇气的人试一试。世上无难事，只怕有心人。有心人是什么人？是想赢不怕输的人。

/ 4 / 你有多自信，就能走多远

无论在学习，工作还是爱情中，我们经常会遭遇这样的体验：

明明自己有潜力，却无法相信自己有实力，结果潜力一辈子就只是个潜力。某项工作明明自己能胜任，结果先看到的不是机遇而是挑战，选择对机会说no,后来更大的机会来了，对你也说了句no。

明明自己很nice，犹豫再三，该出手时不出手，结果被排在身后的路人甲逆袭成功。抑或是，某个坏习惯明明可以改掉，却偏偏告诉自己俺就是这样的怂人。结果隔壁老王率先完成系统升级，抱着你娘子告诉你，啥叫强人。

无数的惨痛经历告诫着我们，这个世界很残忍，弱肉强食，适者生存。但谁也没有跟你讲过，其实，你就是强者，你才是适者。

如果你觉得我在给你打鸡血，那就再分享一个真相：当一个社会具备硬实力的候选者足够多，而竞争压力又无限大的时候，软实力就会成为筛选参考的重要指标。而一份珍贵的自信，就是软实力中的硬核心。

"鸡汤"文学告诉我们说人生就是场马拉松，想要成功就得坚持跑完。但你得知道，连自信都没有的你，拿什么坚持，一看长长的赛程和短短的小腿，你连报名都不敢。这就叫，未到山头，先死一半。

自信的最大意义不在于让你立刻变身超级赛亚人，一秒就能打死百八千个短笛大魔王。而是，它能让你踏实耕耘，让你沉静专注，让你有

十分的能力打出一百分，而不是明明有一百分，三棍子打不出十分。翻译过来就是，稳，准，狠。

最最重要的是，自信能让你放轻松，进而成为一个优雅的人，一个纯粹的人，一个虽没脱离低级趣味但有十足个人魅力的人。自信带来的放松简直是成功的奶奶，心理学上有个理念叫做目的颤抖，通俗点说就是：你越过于看重某样东西，你就越紧张，越紧张，手越哆嗦，你也就越难把握住它。不信你看，交通事故里的常客，往往不是那些叼烟卷吹牛、放松开车的老司机，反而是那些风风火火、肛门收紧、两眼紧盯方向盘的假正经。

其实自信一点都不难，只是个对自我认知扭转的问题。不需要你嗓音高八度地喊着努力奋斗，也没必要每天对着镜子跟里面的丑货说我是最帅的。它只需要你明白一个道理：人的精力有限，世界上不存在谁方方面面都比你厉害。

同样，人的精力也很有效，它就像种子，你把它种在哪里，哪里就会结出专属于你的果实。就像是同样面试飞行员，一个哈佛大学神学系毕业的高材生，也比不过你开了八年的飞机，他充其量也就会"打飞机"。

千万万语，你需要做的就是努力，并保持住一份雷打不动的自信心。想做什么尽管甩开膀子去做，因为无论什么事，但凡你想做，那就代表着，要么你喜欢，要么你擅长，要么你渴望。这三样随便拿出任何一点，都足以帮你KO掉一多半的竞争对手。你无法想象这世界上虚张声势打酱油的人多么多。

结 语

请别再追问这个难不难，哪个更简单。也不要在夸大问题的难度，别让理智败给情感。请大胆地用一种"挑衅"的姿态尝试一下别人嘴里的"不简单"，最后你就会发现：这世上的一切事情，都没你想的那么难；你有多自信，就能走多远。

✡

为你私人订制的烦恼药方

第二章

关于人际交往

一、甭管闲言碎语，太阳照常升起

/1/ 别理他们，你们不在一个剧情里

在我看来，没有比"过分关注别人对自己的看法"更蠢的事了。

平时除了在简书上写文章，比较喜欢跟读者朋友们聊天，大家有心事也会找我吐槽。长久以来，我发现个规律：我们平时生活中遇到的烦恼，大多与"别人"相关。

"韩大爷，我寝室室友对我有很大偏见，我听说她经常在背后议论我如何如何。"

"韩大爷，我做我喜欢的事自己很快乐，但总有人在背后指指点点，干扰我的选择。"

"韩大爷，我在校园里一件稍贵些的衣服都不敢穿出门，怕同学们戴有色眼镜看我。"

"韩大爷，最近刚刚晋升，但有些同事在背后各种猜测，说我靠关系上位，手段很多。"

读者朋友们的这些心事完全可以理解，大家都生活在大圈套小圈的社会关系当中，谁也没法把头扎进真空环境里，那是鸵鸟，不是人。现实生活中，与形形色色的人打交道，有矛盾在所难免。

然而，如果过于注重别人对你的看法，过于看重他人对你的评价，你将一辈子活在别人的嘴里，最终丢掉了你自己。

记得还在读大学本科的时候，学习过人际传播中的"镜中我"理论。美国社会学家库利曾指出："人的自我意识主要通过与他人的社会互动形成。他人对自己的评价、态度，等等，是反映自我的一面镜子，个人通过这面镜子来认识和把握自己。"

从这个角度讲，我们关注他人对我们的评价是有一定作用的，它可以成为一个坐标，一个参照，让我们对自己有更加全面的了解。

然而你要知道，人是不能总照镜子活着的，镜子照多了，要么自恋，要么自卑。每个人对你的评价有好有坏，镜子中的自己也就千姿百态，如果过分关注某一方的评价，过于聚焦某一块镜子中的自己，你的那面用来定位自我的镜子就成了哈哈镜，镜子里的你是畸形的，镜子外的你是发疯的。

更令人哭笑不得的是，别人手里的那块镜子，基本上是照你一下就走，打一枪换一地方，比流动红旗都不靠谱，而你还傻傻愣在原地，回想自己在镜子里是什么熊样。

小张看见小王，没话找话说了句：哎，看你平常作风稳健，穿戴倒是挺风情啊。话音未落小张风一般地走开，他要接老婆下班，接孩子放学，抛售烂掉的股票，买三十多斤山药……小王回到家里，思前想后，反复回味，整晚睡不着觉。瞧见没，大家都有自己的事要忙，千万别因为甲乙丙丁路过时挤出来一个屁，你就跟着他深呼吸二里地。

平时大家都爱说：人生如戏。有时确实是这样，但我想加一句：人生如戏，但是各有各的剧情。

你在这条车道上减速慢行，他在那条土沟里长风万里；

你在午夜的风月场大快朵颐，他在掠夺完路边摊后跑肚拉稀；

你在剧本中的低谷期唉声叹气，他在人生巅峰的设定中顶天立地；

你在人生某阶段的认知里随遇而安，他在遭遇胯下辱的经历后志在逆袭。

剧本不同，但你和他的生活里总会有交集。但人家对你而言只是单纯的路人甲，他开着车，摇下车窗冲你喊一句："靠，灰真大。"你完全可以当放屁，他是酒后驾驶阴沟翻船，而你走的是10086国道，前路平坦干净，你们俩，后会无期。

这一切都没什么特别的原因，只是因为你们不在一个剧情里。

/ 2 / 换个角度，嘲笑是最好的兴奋剂

在别人的闲言碎语中，最令人懊恼的无非就是讥讽与嘲笑。面对这些东西，超级多的人都表示凌乱和无语。然而宝贝你可知道，"嘲讽"是个值得你我大大喜欢的玩意儿，简直可以把它比作成功的母亲。

不管你承不承认，人真的适合走逆风路，打逆风球。农村有句俗语：捧得越高，摔得越疼。当你头脑发热、书生意气的时候，天空突然浇下一盆冷水，犯贱的人那是给你泄气，但你大可以用它来提醒自己，保持冷静。

而且，每每到了你需要挥拳用力地爬坡过坎的上升期，你会欣慰地发现：嘲讽简直就是这世上最管用的兴奋剂。

宝贝，放下手机，给自己一分钟的时间脑补一下如下的场景：某次人生大考将于明日来临，这时有两种设定，第一种：亲朋好友纷纷前来助威摇旗，连卖早点的大爷见到你都提前恭喜："你肯定会顺利通关的哈！一定没问题，你如此厉害，这么简单的考试对你来说不值一提。"

第二种：压根儿就没人理你。偶尔蹦出来两三个雪姨冲你阴阳怪气："哟，甭报太大期望，想通过这么难的考试，就凭你？"

叮咚，时间到。选一下吧，想要哪种设定？按前期舒适度来说，第一种的确入耳中听，但也会让人顿感无穷压力。"哎哟，大伙都这么关注我，早点大爷说傻子都能通过，我要是失误了岂不是还不如傻子？"

第二种虽然有小人作怪，却能让你打满鸡血，多么完美的逆袭前提。"靠！瞧不起老子是吧，不关注我是吧，那我就成为黑马，啪啪打脸，反正输了也没人理我，但凡赢了，我就让你高攀不起。"瞧啊，良药苦口能治病，嘴欠的贱人蛮给力。

话说有个黑秃头，球场上一家独大，专门爱投关键球，人在河边走没有不湿鞋，投进的多，投不进的更多，于是，指责一片，谩骂四起。黑秃头顶着压力，更加奋进，并潇洒地说道："恨吧，带着你们的情绪尽情去恨吧，然而还有那么多人爱着我，理由却跟恨我的人一样。"

最终，这个人五冠加冕，赛场无敌，他叫科比。

话说有个鸭蛋脸，热剧里只配演丫鬟，好不容易熬出头，人在圈里混难免碰混球，迷她的人多骂她的人也多，于是，树大招风，流言四起。鸭蛋脸我行我素，毫不在意，并豁达地说道："我挨得住多深的诋毁，就经得住多大的赞美，我的所有努力都是为了让自己掌握最大的主动，别人说好不好不重要，我喜欢就好。"

最终人家没有最红只有更红，爱情甜蜜老公争气，她叫范冰冰。

一个明智而勇敢的人从不会对他人的冷嘲热讽过分在意，有一种智慧叫"爱咋咋的"，有一种坚毅叫：来，咱们继续。

/3/ 总有骄阳，有更重要的东西等待你去珍惜

你说人的各种素质中哪种最重要？我觉得是眼光与胸襟。

人的一生很长，真的很长，你眼光要放得足够远，才能不被眼前的树

叶遮蔽视线，进而长线钓大鱼。

而同样，人的一生很短，真的很短，你要永葆宽广胸襟，才能把珍贵的注意力从不值得投入的地方转移到值得投入的地方，对真正爱你的人保持耐性，学会珍惜。

活了一百多岁的杨绛先生，直到迟暮之年才发出一声扼腕叹息：

走得越远越发现，最幸福的事莫过于内心的幸福与安逸。

堪称史上最牛的美国黑帮电影《教父》中也同样有一句经典台词：

不要憎恨你的敌人，那会让你失去判断力。

说回到第一章谈到的话题：人是生活在大圈套小圈的社会环境中的。

在这里，最大的特色就是一个人要分饰多种人生角色。你是孩子的家长、上司的下属、小张的同事、小李的同学、孝顺的孩子、辛勤的蜜蜂、守法的纳税人、安静的小文艺……

但同样在这里，有三件事儿你得注意，也有三个道理你得心知肚明。

（1）扮演好你该扮演好的角色，别被龙套们分散你过多的精力。

所以，当你再苦于有人议论你、嘲讽你、诽谤你，甚至是侮辱你时，莫生气，更别急着报复。时光荏苒如白驹过隙，他们再过五年还是他们，你有这五年可以继续沉淀，有那计较的功夫莫不如关心一下爸妈儿女。

（2）适当地摘掉一些无所谓的牌子，别让太多的戏份绑架了你。

所以，当你再被闲言碎语搞得不堪其忧，莫不如大手一挥，戏袍一脱，跟找碴儿的贱人断舍离，你自己做导演，自己当编剧。姜文有部电影叫《太阳照常升起》，有一种解读就是人的一生角色扮演的角色太多，最终发现摘也摘不掉了，生理、心理哪都出了问题。这时你不妨就该放则放，最坏的结局无非就是：世界还是那个鸟样，你也还是你。

（3）你要是想吃蛋，就没必要跟老母鸡过不去。李连杰做客某档访谈节目时，谈到人逢不惑之年，一路打拼过来的体会时，有一段精彩陈述让人佩服得五体投地：

"有时候自己，就像一只大母鸡。鸡要下蛋，大伙都过来分蛋。好，你一个，我一个，他一个。这个给你，那个给他。什么？你要俩？成，那我就给你俩。但你别动我这只鸡，你把鸡杀了，大家都没蛋吃。"

在我看来，何止是个人算老母鸡，这个世界就是一只大母鸡。你我都是想分一杯羹的人，有鸡下蛋就很好，可以抢别人手里的蛋，可以怒气冲冠时把他们的蛋筐一脚踢翻。但别动气、别埋怨，你要蛋的话就别骂鸡，既然走这一遭，咱就得尽兴又玩得起。

结 语

如果你能用一种"跳出来"的眼光看别人看自己，你就会发现：闲言碎语根本就不叫个事儿，日子照常过，没啥大问题。建议读者朋友们多跟小孩或老人聊闲天，在他们那里，要么涉世不深单纯无欺，要么清心寡欲看惯了一切世态人情。活得越久你越发现：甭管闲言碎语，太阳照常升起。

二、宽容不代表软弱，只是我们狭隘不起

/ 1 / 我不在意，是因为我没时间和你比来比去

舒宁在大学女寝中是个神奇的存在。

她沉默寡言，有着自己的小爱好，每天沉浸在音乐书籍美食中，经营着属于自己的小天地；最重要的是，无论身边人怎么评论她，甚至诽谤羞辱，她都不介意，真的可以说是从容淡定、宠辱不惊。

我很好奇她如何能长期保持这种湖水般平静的心态，虽然我是个男生，但也经常会听说女寝内部矛盾重重，每天都会闹出千丝万缕的小情绪。结果在我的追问下，她只是平静地答道："也没什么秘诀，主要是我没时间。"

舒宁的确没时间，她的生活虽然按部就班，却也一直在为心中的目标步步为营。她刚上大一时就通过了四级考试，到了大二夏天，已经把六级分数刷到了六百多分，现在的她，正在备战雅思考试。

舒宁平时一直保持着健身的好习惯，健美操、瑜伽、动感单车，样样在行；她爱看书看电影，是学院里小有名气的文艺女青年，闲暇时会带上书和电脑泡泡咖啡店，看得有感觉了就试着自己写写影评，现在的她，已经是某文化平台的签约撰稿人。

当了解了舒宁每天简单又丰富的小生活后，我不禁感叹：这个姑娘把所有的精力都投放在了使她更加美好的事物上，她心胸开阔，对别人的你争我夺完全不care，并非她真的多么超然物外，而确实是因为她没时间在乎这些啊。这种处世之道，真可谓是世上最明智的时间管理方式：和最喜欢的一切在一起。

通过观察周围的人我发现，那些小肚鸡肠、斤斤计较、在自己狭隘的王国里寸土必争的可怜人，往往在现实生活中都不是分秒必争的大忙人，而是闲得发慌的庸常者，他们对自己的生活没有任何要求，最大的追求与目标就是把身旁的人比下去以博得些许存在感，然而这样做的结果往往使他们继续变得更加庸常，大度的姑娘们却一步步走向阳光，理由只有一个：不在意不代表我不会生气，只是我很忙，并没有时间跟你比来比去。

/2/ 我不计较，只因我有更加重要的东西要去珍惜

小楠和可豪是令人羡慕的一对，他们看起来永远那么和谐亲密，然而冷暖自知，可豪对小楠的态度并不好，经常会因为一些小事大发雷霆，但小楠总会扮演息事宁人的角色，每次主动低头认错的那个人，也往往都是她。

天长日久，随着可豪越来越有恃无恐，在一次大吵大闹过后，他们分手了。可豪对小楠恶语相向，在电话中斥责她说："以前每次闹别扭你还知道低头认错，现在你脾气大了，连基本的道歉都不会了。"小楠沉默过后，只回复了一条简短有力的信息：我对你说过无数次对不起，但那并不代表我真的有错，只意味着我比你更懂得珍惜；过去我爱你，点头哈腰、低声下气都没关系，现在我不爱你了，你就是个屁。

我们在生活中，经常能遇到一些性格很好很nice的人，我们有时也是

这样，宁愿收到一些伤害也不愿与别人撕破脸皮，但如果觉得这是一种软弱就大错特错了，人都不傻，也都不瞎，更不是没长心，只是在他们的心里，有着比所谓的面子更加珍贵和值得呵护的东西去挽留、去珍惜。

我曾在某个地方看到过下面一段话，觉得颇有道理：

你跟顾客争，你赢了，顾客走了。

你跟同事争，你赢了，团队散了。

你跟老板争，你赢了，平台悬了。

你跟家人争，你赢了，亲情没了。

你跟朋友争，你赢了，朋友少了。

你跟爱人争，你赢了，感情淡了。

你跟谁争，争赢都是输。

不得不说，平和不计较，是一种修为与做人的艺术。遇事不计较，心有多大舞台才有多大，目光有多高远格局就有多开阔。那些觉得我们好说话、好欺负的人永远不会懂得背后的原因：光脚的人一人吃饱全家不饿，穿鞋的人却有一大堆美好的东西需要守护与珍惜，不是我们不生气，而是我们的犯错成本太高你太低。

/3/ 我脾气好，只因我有教养，也更懂得尊重我自己

民间有句俗语：会叫的狗不会咬。见过许多动不动就歇斯底里的狂妄者，误把个性当性格，总把缺点当优点，张牙舞爪，满身戾气，还自以为自己天下无敌，天老大地老二，全宇宙他第一。

然而，真正有身份有资本有地位的成熟人群，反而性格更加温和，举手投足间都透着一股hold住全场却又沉稳儒雅的气息。大哥大与小瘪三的区别就在这里，这也正是有教养和没教养的标准差异。

我读研期间有一位同学，叫天舒，是个细心体贴的姑娘。研究生毕业前需要完成毕业论文，相关流程复杂琐碎，需要咨询导师的问题有很多，但微信群里静悄悄，谁也不想当出头鸟。天舒自己也有一大堆疑惑，就没有想很多，在群里问了导师一些问题，也捎带将大家共同的一些疑问提了出来，她还把一些自己整理的有关论文题目的相关素材分享到群里，以供大家查阅。

然而，这些善意并没有被大家好好珍惜，甚至在导师提议大家感谢一下天舒的劳动成果时，群里也依旧沉默。天舒感到很尴尬，觉得自己是不是考虑得仍然不够周到，给大家留下了不好的印象，她把她的尴尬写了下来，分享到了网络上，却得到了许多读者朋友的支持，觉得她的尴尬正是一种教养。而这份教养在为别人带来便利的同时，也为自己赢得了尊重。

在这个扭曲的年代里，很多美好的品质都随着一波又一波的颠覆与解构消失殆尽。但我希望，成熟的你、明智的你，仍坚持将宽容与随和深藏心底，凡事少计较，静神养大气。

要知道，人生短暂如白驹过隙，我们没有那么多的时间跟别人争来比去；要知道，世间万物情分难得，我们有更重要的东西去守护珍惜；更要知道，很多事情，成全了别人，也是在成就自己，那个最好的自己，那个更好的你。

三、你若选择善良，不必强带锋芒

/ 1 /

昨天一位读者朋友发私信提醒我："韩大爷，有人在评论区里骂你。"

我一听，大喜过望。

入驻简书快三个月了，写了不到20万字，获得将近20000个喜欢，评论区内成千上万条支持鼓励的留言中，还真就没碰上过骂我的。

物以稀为贵，我秉承着猴子捞月、大海捞针的求索精神，千辛万苦地找到了这条评论。

点开一看，一段段问候家人的"暖心文字"映入眼帘，虽然逻辑性稍有欠缺，但断句得法，颇有气势，加上最后威胁意味十足的总结性收尾，也是让人微醉三秒，代入感蛮强。

盛情难却，来而不往非礼也，我长叹一声，构思良久回复道：嗯。

朋友见状，替我不平：回骂过去啊，遇见这种人就甭惯着他！

说实话，我也觉得只回一个字也不太妥当，便又在下面续了一声：谢谢。朋友彻底蒙了。

我跟朋友说：这位读者肯定是日子过得不顺，要么就是心理有问题，跟谁都这样。无论哪种情况，也都蛮可怜。他要是有针对性的批评，那肯定是我文章写得不够好，我得谢谢他的建议。他要是没事找事，我更没必要跟他计较，还是要感谢他辛苦的劳作变相地为我文章增添了一丁点热度。他要是真的跟我有仇，也不好在这上面解决，我一搭茬，他一举报，我这摊子垮了，平台上一万六千多读者朋友也白关注我了。

很多时候，面对恶意，我们不是不想不动气，而是单纯觉得不值得。

/ 2 /

不知道是世风日下、人性扭曲还是怎么的，感觉大家在生活中经常会遇到各种小人、变态人、事多的人、嘴欠的人、心里不干净的小黑人。

每天都会收到读者朋友们发来的咨询信息，这其中，愁苦哀怨居多，大家都在问我遇见这些坏蛋时应该怎么做。

面对这样的提问，我常常会先提醒一句：不要着急对号入座，他们可能不是在针对你。

如果读者发来的信息继续证实别人就是对自己怀揣恶意，我会再提醒一句：先别急着自我反省，看是不是对方最近生理或心理上有状况、有问题。

以上如果均排除掉，最终定性为对方就是在针对自己，那我会满怀诚意地告诉读者朋友：千万别理他，赶紧跑，尽最大努力跟他保持距离。

曾经我也是一个有仇必报的热血小青年，而且奉行有仇必报还得是当面报，观众越多越好。我会被轻易激怒，一言不合就入了对方激将法的套，以牙还牙加倍奉还，要让一切得罪我的人为自己的行为付出相应的代价，曾一度是我"中二期"的人生格言。

可后来随着时间推移我发现，"被侵犯——立刻回敬"貌似是人类最低端的应激反应。

对方做出愚蠢的举动，是种自掉身价的行为，你用他的错误来惩罚自己，操着同样跌份的言行配合他还不算，人家逢场作戏发发神经，你却假戏真做浪费感情。

这就好比你跟好友聚餐，对方点了一大桌子自己喜欢吃的菜，人家吃饱喝足剔剔牙，抬屁股就走，留下你一个人傻傻地站在前台刷卡埋单。

如果你手里的资源足够硬，玩得起更耗得起，那一只拳头打过来，你完全可以变出一堵墙来反击他，看看对方流不流血疼不疼。

但你我都有自己的事要忙，面对有限的时间和精力，谁都不是大富翁，这时你再面对那只拳头，不妨把自己变成悬挂的布条，让对方的蛮力无处施展，愚蠢地扑空。

/ 3 /

在旁人那里得不到善意，我劝你别轻易动气。而这份不好的情绪如果源于亲人、朋友和你珍视的人那里，我更想告诫你一句：回应莫过激，凡事放宽心。

有位姑娘在跟男友吵架时对我说：他快把老娘气炸了，损起人来一套一套的，我当时脑子反应慢词儿码不上来，现在是憋气又窝火，你快帮我想想，怎么回复他会比较来劲，给他点颜色。

我对她说：但凡他再说些难听的话，你就简单回一句：嗯，或者是知道了。如果能忍住，最好什么都不回复，最后的最后，你会是赢家。

情侣之间闹矛盾不外乎两种：一种是可化解的矛盾，另一种是不可化解的矛盾。

在第一种情况下，你们发生争吵，终极目的无非是想让对方重新接受与认可自己，这时如果为了场面上的好看而说出一些从根本上否定对方存在价值的话，无异议火上浇油，最终走向分手，事与愿违。

在第二种情况下，你们发生争吵，基本上已经是不想好了。既然想要离开，那就安静地道别，不要再给对方施加伤害。

不要觉得对方因此会把你看作一个好欺负的人，事实恰恰相反。当对方言语或行为过激，你也全力回应，到最后回想起来，错都是双方的。

如果你暂且忍耐一下，可能心里会觉得被人压了一块石头，但当对方平静下来，他会看见自己的不堪，这块石头就从你的心里自然地过渡到了他的心里。

忍一时风平浪静，退一步海阔天空，这不是懦弱的人给自己找的完美借口，大家都是两个肩膀一个脑袋，不存在懦弱不懦弱，但却存在理智不理智。

/ 4 /

曾经看过一篇文章《你的善良，必须有点锋芒》，说实话，很理解这种情绪。

当一切都不再那么纯粹，人们自然会感慨：人善被人欺，好人没好报。

但你得知道：善良并非强制，它是一种为了保持社会系统有序运行的一种，人为设计出来的道德概念。

更加通俗点说，所谓善良，其实是种选择。一种主动的选择，一种命运的选择。

丛林里有两条路，踏上这条就望不到另外一条路上的风景。无论你选择传达善意或是反其道而行，收获与代价都摆得分明，且是必然。

所谓的好人和坏人，其实都会收到一定的回报，无论是物质上还是精神上，但与此同时，他们也都会遭受一定的伤害。

我从不劝人说：嘿，选择做好人吧，风景这边独好。

但我会认真地告诉你：做出自己的选择，并虔诚地对它负责。

既然选择做一个好人，既然自愿传达出这份善意，那么就将自己的信仰贯彻到底，好人与好报，从来都不是什么等价关系，那只是不好不坏的平凡人的美好意淫。

一个真正的好人，一位纯粹的善者，从不纠结是否得到等价的回馈，因为他们看得清：世界从不公平，因果之间也从不是一条直线。他们的善意不需要依赖外在的犒赏，做出选择的那一刻他们已经给了自己最大的褒扬。

活得理智一点，别那么轻易地为所有负面情绪买账。

目光放长远些，想要登上山顶的人就别再被脚边的石头阻挡。

做出自己的选择，勇敢地活出自己想要的模样。

你若选择善良，不必强带锋芒。因为心怀善意的人，世界里自带阳光。

四、你真的会说话吗？

　　氧气无色无味又无形，我们每天被它包裹，却感受不到它的存在。当有一天它含量减少，乃至彻底消失时，我们才体会到它的重要性。说话，也是如此。文字和语言，是人类最基本的传播符号，但仔细想想，呱呱坠地的我们，是如何习得如此重要的技能的呢？恐怕多半是耳濡目染。我们从牙牙学语时，基本上就是靠朦胧的感知来把握语言，周围的人们发出什么样的声音，我们就跟着学成什么样，即便到了受正规教育的阶段，也很少有人苛求你表达的精准度，于是，一切跟着习惯来，跟着感觉走，一切的表达，变得粗浅而模糊。

　　人是社会性动物，需要与其他同类建构社会关系（父子、母子、情侣、夫妻、同学、闺密、好友、同事等等）。这时，交流成为第一必要手段。但当我们真正地沟通起来却发现，通往彼此理解的道路上，荆棘密布，障碍重重。我们不禁感叹：还能不能好好说话了？怎么就没人理解我呢？找个灵魂伴侣就这么难吗？这些困惑，希望在读过此文后，能对你有所启发。

/ 1 / 说话这件"小事"

首先要带领大家走出的第一个误区就是：说话，并不是一件小事。小时候，没人会在意我们说什么，说得怎么样，是否在意他人的感受，等等。童言无忌，少不经事，是我们语出伤人的第一道挡箭牌。但是，如果到了二十多岁，长大成人的你，仍是口无遮拦，说话不经大脑，那么等待你的，不仅仅是他人的排挤，更有可能伴随着亲情的淡漠和爱人的疏离。还在标榜什么"刀子嘴豆腐心""不理解我的人懒得解释""真正理解我的人不需要解释"这类强盗逻辑吗？Naive.

不管你信或不信，我都要很遗憾地告诉你，无论你自我感觉多么良好，在他人眼中，你说什么样的话，就是什么样的人。尤其在当今社会，生活节奏快，人与人间的关系基本上都是浅社交。每个人的时间和精力都很宝贵，你凭什么要求我透过你撒旦般的言语和宫斗戏般的口气洞察出你那颗24K金的圣母心？

人从幼稚走向成熟的第一个标志就是懂得彼此理解和相互尊重，我们不光要拿这条来要求别人，自己在"快人快语"时也要考虑到他人的感受。而且，不光是与他人的交流中，与你的挚友、家人、生命的另一半交流时，更是应当如此。有人说，跟他们客气什么呢？我是当他们是自己人才那样口无遮拦的。那么请问，你既然真的把他们珍视为自己的一部分，你连自己都不尊重的话，还怎么奢求别人尊重你？这样我们就会明白，为什么在公共场合要给足男票女票面子了，那不是因为显得你多么宽宏大量，而仅仅是因为，你在传达着这样的信息：我，爱他，我，尊重我自己。自己尊重自己，就叫，自重。

所以，说话，真的不是一件小事。

/ 2 / 好好说话，是一种能力

无论在生活，工作或爱情中，我们常常抱怨别人不理解自己。但退一步想，你真的把自己的意思表达清楚了吗？可能很多人都相信这个世界上有一些东西是根本无法用语言表达的。我也相信这一点。但后来我慢慢意识到，很多时候其实只是因为我们没有找到一个合适的词。这就是为什么有的时候我们需要借助别人的语言来表达自己，有时候看到一句话会突然觉得这就是我们长久以来想说却说不出来的。

你可能会觉得，说话而已，谁都会，哪有那么复杂？但世上看起来最简单的写字或说话，真的没有看起来那么简单，这也是为什么用人单位在录用时都要考量应聘者的语言表达能力的原因。拿看起来最"简单"的人群分类，男女举例。

我读研期间与同组的partner一起做过一个小课题，研究对象是两性关系。通过我们系统地研究分析发现：看似单纯的二元沟通过程中，有太多的影响因素在制约着我们的沟通质量。所以，锤炼自己的语言，更加准确地表达自己的意图，便显得格外重要了，因为这是你能唯一控制的可变因素。

而从现实的角度考虑，一个人能够好好说话，对自己的想法做出充分而清晰的表达，更会让他获益良多。有一位在剑桥攻读教育学博士的中国留学生曾写过这样一篇文章：《你以为我在剑桥读经典，其实我不过是学会说话》文中写道：

> 语言能力决定发展潜力。在所有这些人中，有一位作家是
> 我非常敬重的，和他接触的过程中我学到很多东西。我注意到，

他在描述东西的时候都会说得非常准确，很少用代词，很少有歧义。而且，无论你在把写的论文交给他或是和他进行交谈时，他都会对你语言表达的准确性严加要求，这样的学习经历是我之前没有过的，平时即便有人说你写得不清楚，也很难告诉你为什么不清楚，哪里不清楚，怎样才能更清楚。能给出这样的反馈，需要的不只是耐心，更重要的是有足够强的表达力和解释力。

一个会使用语言的人，一个能够准确掌握大量词汇的人，就有能力说出别人说不出来的话。这样的能力，会让人在日常生活和工作中，在人与人的交流中，掌握很多的主动权。

认真准确地做到自我表达有多重要？美国著名学者克林肯博格曾就此在《纽约时报》刊文，在文章末尾他说："没有人找得到一种为这种能力定价的方法……但每一个拥有它的人——不论如何，何时获得都一一知道，这是一种稀有而珍贵的财富。"所以，请你为了他人，也为了自己，重视说话，准确表达。

/ 3 / 想获得理解 先拿出诚意

见过不少渣男，动不动以"和她没有共同语言""她无法理解我"等毫不负责任的理由踢飞女友。他们最缺乏的一个最基本的认知前提就是："想要获得理解，首先得拿出足够的诚意。"在传播学中，关于人际传播的领域里，经常被讨论的课题就是如何减少信息传播中的信息丢失，减少人与人沟通中的繁杂冗余。而得出的结论往往显得简单粗暴，却是被实践证明非常有效的手段：继续沟通，更多、更充分、更深入地沟通。你知道世界上没有两片完全相同的树叶，你就更应该懂得交换想法，求同存异，拿出加倍的耐心与诚意，去了解你另一半的道理。

如果你比较懒，觉得耽误时间，那我向你推荐下面这个只有不到20分钟的视频。这是台湾著名两性关系研究大师的TED演讲视频，在这次生动有趣的学术演讲中，你会在笑声中理解男女之间的个体差异在哪里。看完之后，很多小朋友都表示："认识到男女大脑构造的区别后，竟然连女生的喋喋不休都觉得可爱了！"

这里再说一个故事。前两天一位读者朋友私信给我，说他很苦恼，自己写的文章明明觉得还不错，可投稿无数次，每天恨不得投七八篇，就是入不了编辑的法眼，经常被拒。我叫他把他觉得还不错的稿子发到我的邮箱，他一口气发了十篇，我点开一看，立即将邮件退回。告诉他，我如果是编辑，也会退你的稿子的。为什么呢？这位自以为很行的"大作家"，连最基本的排版都懒得排，字体有大有小，错字连篇，全文一整段下来，一张图片都舍不得配，还没看三分之一就瞧不下去了。我说："编辑不是给你打工的，我们都得为读者负责，你连个排版的诚意都没有，凭什么要你的文章上首页？"

坐享其成都是幼稚的美梦，没有任何付出，拿不出任何诚意，单方面的要求别人尊重你、理解你、懂你，不可能。工作如此，爱情亦然。

/ 4 / 爱她，就是要把最重要的话，说给她听。

最后，关于表达，我还想提醒大家一点，那就是：伤人的话要谨慎地说，能不说尽量不说；鼓励的话要经常说，一个字都不要吝惜。爱一个人，无非就是把最重要的真心话，讲给他听。

首先是伤人的话尽量不要说。这不是废话吗？真不是。看过了太多情侣，吵架时为了不让自己得不到自己的认可，坚守住尊严最后的防线，拼命地否定对方的存在价值，宣称别人如何如何，比你好的多的是之类的话。在这里提醒大家，在争吵过程中，你可以歇斯底里，甚至可以满嘴粗口，但万万不可触及的红线就是：从根本上否定对方存在的价值，这条线一旦被践踏，一切就都失去了意义，你们就真的没有携手终老的必要和可能了。

身边的死党们在选择目标对象时有时会让我做个参考，看看俩人合不合适，这是别人的终身大事，我不敢瞎说什么。但有一条我一直坚持，并且屡试不爽：你首先要考虑一下你们俩分别是什么人格类型的人。这里分为两种，一种是自卑型，一种是自信型。自卑并非贬义，多多少少每个人都有。但一个自卑型人格占主导的人，往往自尊心很强，你和他相处时需要多考虑一些。如果你们两个都是自信型那不用多说，两个神经大条，幸福去吧。如果你们俩一个自卑型一个自信型，也蛮好，自信的那个无须从你这里获取太多存在感，吵架也可以先低头。但是，如果你们都自尊心很强、很敏感，还想一直走下去，那么在相处时，尤其是看似不经意的言语，就要多点细心了。而且，男生先天上心理不够成熟，是个永远长不大的孩子，他需要你言语上的慰藉与鼓励，所以女同胞们要稍稍理解哈。

最后的一点，也是最重要的一点，就是爱与鼓励的话，要多说，而且一个字都不要吝啬。这里就显现出一些中西文化上的差异，因为我们传统的表达爱意的习惯是比较含蓄而委婉的，我们甚至会走向另一个极端，觉得那三个字沉重得不行，十年也不肯说一回。那我推荐你看一篇中国作者写的文章《所谓恩爱，就是好好说话》。我们这里讲的爱与鼓励的话，并非是空洞高大的海誓山盟，而是细水长流的温馨私语。年轻的我们在爱情中会经历三个认知阶段：第一个阶段的我们爱听甜言蜜语，觉得山无棱天地合轰轰烈烈才算爱情。第二个阶段，我们爱过、痛过、受过伤、流过泪，觉得自己过了耳听爱情的年纪，便不再在这方面付出分毫，一切以行动为标尺，从此告别诉衷肠。然而都太绝对了，我们终究要走向第三个阶段，在那些平凡又温暖的日子里，我与你并肩前行，无论昨晚是风雪交加还是狂风暴雨，每天早晨醒来，你都会吻着额头，不厌其烦地说着："我爱你。"

总之，无论是对待学习、工作还是生活，无论是经营亲情、友情，还是爱情，都请你保持一份耐心。这不是一场比赛，不存在认真了你就输了。成熟的你终究会发现，好好说话，认真表达，会让你的生活焕然一新。毕竟，在这现实的世界里，没有无条件的心有灵犀，能做个表达清楚自己的人，就挺厉害的。

五、人际关系并不复杂，牢记这几条就够了

导 语

生存于这个庞大社会中的我们，常常深陷在人际关系的汪洋大海里。

也经常有读者朋友发来简信吐槽：

"这人际交往太复杂了，动不动就得罪人，要么就被人说成是情商低。"

韩大爷平常比较热衷于关注人际交往与社会心理这一块，经过多年观察与拙见：其实，人际关系并没有我们想象的那么复杂。

想要在这看似浑浊琐碎的酱缸泥潭里游得欢畅，只需要你注重语言、态度、行为这三大方面即可。

今天就立足于这三个最基本的大方面，为大家提几条人际交往中的小建议。

[关于交往语言]

/ 1 / 不要跟一个圈子里的人吐槽这个圈子里的人

古时《增广贤文》有言：谁人背后无人说，哪个人前不说人。

这放到当今社会也是一个比较普遍的现象。

男同胞会比较喜欢议论领导或朋友的是非功过，女同胞更是对小道消息与八卦的交换乐此不疲，这都是人之常情。

但提醒大家一点，尽量不要跟与你深处一个圈子里的人去吐槽同在这个圈子里的其他人。

可以负责任地告诉大家：这世界上但凡说出口的，就没有保密可言。没有不透风的墙，身处在同一个圈子里就更是这样。

吐槽与议论传来传去，传到当事人的耳朵里，你将来的路上必将少了一个铺垫，多了一道坎。

在与人交谈时，务必要管住嘴、守住心。能不在背后议论的尽量不在背后议论，如果遇到特殊情况不说两句双方都下不来台的话，那就记住：能少说一句是一句，话不说满不说死。

/ 2 / 说话讲究节制与节奏

首先是说话要有节制。谁都有酒逢知己千杯少的时候，遇到看似聊得来的交谈对象，我们话匣子一打开收都收不住，在聊得昏天暗地不知东方之既白的时候，也请大家注意一点：言多必失。

一个是你们的志趣相投真的有可能仅仅是看起来志趣相投，要记住，与你交往的是人而不是木头，对方有可能沟通过程中时时顾及着你的感受。这时，对方的心理禁区是埋起来的，但态度却是开放的，你毫无防备左右冲撞，真正踩着地雷了，小脚收都收不回来。

再一个是切勿交浅言深。这世界真的是林子大了什么鸟都有，知心朋友间倒可以无话不谈，如果是半生不熟就聊起来毫无底线，被对方套去了话，你就成了人家手里的刀。

然后是讲话要注意节奏。这里只给一句话建议：发表看法等三秒，话到嘴边留半句。

如果到了需要你发表看法或表达意见的场合，不要迫不及待地将自己的想法一股脑儿全盘托出，可以稍等几秒，一边用来考虑说话内容是否严密合理，一边用来观望下有没有和你持相同意见的人率先站出来。前者可以让你不鸣则已，一鸣惊人，话语更具分量和质量；后者可以让你小心驶得万年船，避免枪打出头鸟，成为替罪羊。

再有一点就是话到嘴边留半句，细心观察生活你就会发现，很多矛盾与大坑都往往是因为你多说了一句话造成的，这些话在你看来无伤大雅，但说者无心，听者有意，既然可说可不说，那就甭抖机灵，浪费脑细胞不说，还伤人伤感情。

/3/ 交谈时考虑对方感受与心理

现今的年轻人都标榜张扬个性，然而一味追求自己的交流快感与表达欲的满足，不考虑对方感受的话，不仅会使你的双向传播变成单向的自说自话，更会使你的沟通效果大打折扣，成为别人口中的幼稚儿。

这里建议大家：

（1）说话别太直，玩笑别太过。

（2）尽量不去非议对方所看重或喜欢的人或事，男友也好，目标也罢。

（3）多夸别人，少损别人。这里多说一句，千万不要信奉什么"老子就是这样真性情"的傲慢原则，忠言也可以不逆耳，人也是真的爱捡好话听。很多时候，我们误把习惯当个性，常用真性情掩盖发神经。

【关于交往态度】

/ 1 / 勇于拒绝

不得不承认，越长大，人就会有越多的"身不由己"。然而，面对形形色色的交往对象与交往诉求，你如果善于分清主次轻重，勇于say no，真的是完全好过你扮演烂好人的角色，照单全收。

一个人的精力是有限的，时间更是宝贵的，与此相对应，旁人对你的期待与需求却是无限的，把事情与情绪推诿给你的理由更是无穷的。面对如此供不应求的紧张局面，建议大家做好权衡：如果面对一件事、一项任务，在你责任与义务之内，该你做的你就做，丝毫不要推托。不该你做的就不做，不管对方运用何种情绪宣泄与道德压迫。如果是面对责任归属价值评判，大家的态度也应该是：是我的错就是我的错，不是我的错，您也甭想往我头上推。

不卑不亢，是最应该首先确立起的人际交往的正确态度，这也是一个大前提。

/ 2 / 降低期待值

我们确实越来越把人际关系这一问题目的化与功利化了。很多时候，我们把它当成一种工具，一种获取精神或物质利益的途径，然而，物极必反，退一万步讲，即便你心里真的这么想，你也别这么做。对人际交往抱的期望值越高，你的期望反而越难实现。

有人问我聚会时大家喜欢什么样的角色，我觉得，最受欢迎的反而是观众、听众和路人甲，别人是否喜欢你，不看你是否言语精深，心思叵测，反而看你人话会不会说。

所以建议大家：吃饭就是吃饭，聊天就是聊天，教育都讲究寓教于乐呢，干吗死板着面孔，反复琢磨哪些有利于自己的目标达成，哪些能满足你的一己私欲，只会让别人觉得你功利心太强，通俗点讲："这个人，没趣。"

/ 3 / 尊重对方，也尊重自己。

尊重对方包括两个方面：

一是尊重对方的习惯。每个人的生活方式与喜好不同，生活习惯也就不同。所以，请注意，在与对方打交道时请务秉承着尊重对方习惯的态度。对方如果不吸烟，交谈时麻烦你也把烟掐掉，并清理好身上的味道；对方如果讲究餐桌礼仪，就麻烦你把平日里养成的敲碗、拿筷子插饭、吃东西吧嗒嘴的习惯戒掉。

二是尊重对方的情感。每个人的成长环境、受教育状况、生活氛围的不同，心理与情感的诉求也就不一样。所以，请注意，在与对方打交道时请务必秉承着尊重对方情感的态度。如果她正与你聊些知心话，就别再插科打诨、嘻嘻哈哈，如果听到对方在说一些悲惨遭遇，心里再怎么变态的窃喜也请你凝视对方双眼，时时点头示意。

最后一点需要大家确立的态度只有五个字：尊重你自己。我发现，好说话的人确实是越来越多了，但受欢迎的人真是越来越少。充分的交流可以换来别人对你的懂，但未必能让人对你保持尊重。获得他人尊重的前提就是，你首先要学会自重。举止轻浮，笑脸逢迎，一旦观点相悖便手足无措、立马转向，这都不该是你的处世原则。

如果对方并没有拿出足够的善意与诚意，而是对你的态度戏谑和嘲讽，对你珍视的人与事颇有微词，甚至拐弯抹角地"问候"你的家人，你既不要唯唯诺诺更不要反唇相讥，你只需要用你的行为传达出这样的信息：不好意思，你踏入我的领地了，我这次可以不计较，但别指望我下次再尊重你。

【关于交往行为】

/1/ 切忌自来熟

人们常说中国就是个熟人社会，但要注意，建立良性的社交关系千万不能急，彼此的充分了解与感情建立绝非一朝一夕。

现如今大家都在恶补所谓的成功学与人际交往艺术，天上掉下块石头都能砸死九个会说话的，还有一个在嘎巴嘴。所以，我们面对的不再是李雷与韩梅梅，而是一个个笑面虎与套中人。这时，对方在交往中与你亲密热络，仿佛无话不谈，但你千万别在五分钟内就把对方当知己，将公的私的、能说的、不能讲的统统揭底。

自来熟会带来两大弊端：一个是轻浮的表现会让对方觉得你心飘人浅，面上不说什么，心里早就对你另眼相看。再一个是它让你卸下一切防备，主动地暴露出所有的恶习与缺点，拍马屁都能拍马蹄子上，做事不当心更容易让你马失前蹄，防不胜防。

/2/ 千万不要管别人的家务事

无论对方怎么恳求你的赞同或认可，也别在关于对方家务事方面发表太多的意见；无论给了你多少关于"尽管说，尽管做，说错做错都没坏结果"的承诺，也别当对方生活方面的管家，动不动就妄想通过一己之力将全家的矛盾调和。

万家灯火，冷暖自知，人人手里都抱着一本难念的经，他对你倾诉，找你吐苦水，仅仅是为了博得你的同情与倾听。你可以适当地给他一些安慰与建议，但话别说满，招也别乱支。结局如果是皆大欢喜那自然没得说了，但凡因为你的一句两句让对方乱上加乱，最终即便你自己知道是你一家之言，对方也会认为你在煽风点火。

家务事不同于别的事情，谁也说不清，你更无法轻易帮人家摆平。举个例子，你的铁哥们怀疑自己被戴了绿帽子，你也得别劝分，要劝和。在你看来是在帮兄弟脱离苦海，可你哪知道人家小两口误会消除后，房门一关，甩了一句"贱人就是矫情，看热闹不嫌事大"呢？

/3/ 尽量少给别人添麻烦

在与人交往的过程中，很多人都绕不开一个普遍的课题：请人帮忙。

但要注意，在你向对方提出任何请求之前，别急着伸手，先掂量一下你与对方关系的紧密程度。不同关系不同对待，千万别做出超出你们关系的事。

人情不怕欠，但要记得还，如果非要用人情，最大的宗旨就是：尽量少给对方添麻烦。生活中见到过许多"不会求助"的人，往往把自己当成发号施令的小皇帝，最坑爹的是，在求人帮忙时不给对方提供充足的必要信息。

如果一件事情满分是十分，而你只能做到五分，那就劳驾你把能做的五分好好完成，剩下的五分再去求人帮你，你千万别担子一撂下，一分也懒得做，全等天上掉馅饼。连上帝都挑着有准备的人帮，更何况是俗务缠身的芸芸众生呢？

现实生活纷繁复杂，谁都有求人帮忙的时候，但要想"保持原有关系，帮忙不伤感情"的话，就需要你先掂量下这种关系的牢固程度，让后拿出足够的诚意，也让对方看到你已经做出的努力。

> ## 结 语
>
> 今天立足人的语言、态度与行为三个大方面与读者朋友们聊了下在处理人际关系时应注意的几条理念，希望对大家有所帮助。如果您仍觉得这三方面九个小点还是比较复杂、难把握的话，不妨就只牢记一句话：以诚待人，以律接物，换位思考，互通有无。

六、人际交往中，怎样做到不招人烦？

导 语

　　最近可能是天气炎热的原因，大家的情绪都比较焦躁。很多读者朋友的来信中也提及自己最近经常和身边的朋友、同事乃至亲人摩擦不断，苦恼不堪。

　　人与人交往就是这样，既然生活在一起，就没有锅碰不到盆的，有点矛盾在所难免，重要的是能吸取教训，总结经验。

　　今天，就跟大家简单聊一聊，在人际交往中，怎样做才能将阻力减到最小，也就是我们常说的：不招人烦。

/ 1 / 珍惜公共的时间，少刷一些存在感

人际交往与个人独处最大的不同就是：当人与人聚到一起的时候，很多的资源变成了公共的，而非私有。这其中，最宝贵的资源就是时间。

每个人都不是一根木头，来自各个群体的你我他走到一起，本身就自带着生活中的琐事繁杂与情绪万千，大家都有自己的一大堆事情等待处理，千万别动辄就占用别人的宝贵光阴，只为了满足你个人的表达快感。

这里建议大家：如果是与人相约谈事情，先把时间划分好，问清楚对方是否还有其他的事；如果轮到你发表看法，长话短说，语言精练，点到为止，别为了那点虚荣心和存在感动不动就侃侃而谈。

/ 2 / 有意见私下谈，当众不揭短

人都爱捡好话听，这点你不承认都不行。即便再亲密的关系，也是爱听夸怕听骂，所以别再打着良药苦口的正义大旗去肆意指摘别人，父母说你两句你都能轻易翻脸，给领导汇报时人家都叫你提建设性意见，所以你应该知道：防己之口甚于防川。

这里建议大家，如果对某人某事抱有不同看法，当众求同存异，自己的想法放到私下约谈，一个是能够给予对方足够的颜面，同时也避免了错误出在你这里而带来额外的风险。

还要注意的一点就是：当瘸子面不说短话，甭管对方显得多么不在意，你也别轻易拿对方的短处打趣，表面上风平浪静，受害的是你们的关系。

/ 3 / 交谈时情绪放缓，给对方足够的反应时间

人际交往是一种信息传达，既然是传达，就自然包含着传与达两个部分。但在现实生活的许多交往案例中，常常都存在着传而不达的现象。

很多人，急于把事情说完，或急于让对方知道自己的意见与观点，在交谈时话语如连珠炮一般，生怕时间不够，有话讲不完。然而，这样做的坏处是你东拉西扯半天对方不知道你在说什么，你真正想要的是什么。

每个传播者对面站着的接受者都是一个活生生的人而非机器，所以我们在传达信息的时候务必要保证清晰、详尽，在表达看法时舒缓好自己的情绪，慢慢说，不要急。实践无数次地证明，许多矛盾都源自于交往时不懂得运用语言，许多交谈的摩擦完全可以用平缓适当的语气避免。

/ 4 / 共事时少犯懒，不给对方造麻烦

人人都爱耍小聪明，心里都敲打着几下小算盘。但当我们在与朋友或同事共同完成一项任务时，一定要拿出足够的诚意与责任感。

在一个团队当中，最不缺的就是搭顺风车的懒汉，你以为你的事不关己，优哉游哉多么省心清闲，但大家都看在眼里记在心上，只是一时没想把你戳穿。

在这里还需要注意一点，如果你意识到自己对这个团队起不到什么太明显的正面作用，那就把嘴巴闭上，靠边站。建议谁都会提，不缺你一个，光动嘴四出乱招但又不会做什么事，只给大伙平添麻烦。

再好的个人意见也抵不过踏实肯干，别再自作聪明地犯懒，出来混迟

早要还。

/ 5 / 承诺时慢一点，拒绝时应果断

大家相处在一起，难免有需要彼此帮忙的时候。当别人有事相求找到你，千万别为了面子问题而想都不想一口答应，说出去的话如泼出去的水，所有的承诺背后都站着一个讨债人，等着你用行动把说过的话一一兑现。

当意识到对方的诉求已经超出了你的能力范围，或是给你造成了很大的不方便，应该果断拒绝，不要给对方留下任何想象的空间。这对你来说是种解脱，对对方来说也是种负责。

当你认为这件事自己可能办好又可能做不到时，一定要把情况说明，告诉对方做两手准备，免得人家在你这一棵树上吊死，不光你背上了黑锅，也耽误了对方的事情。

/ 6 / 遇到摩擦找重点，不把矛头扯太远

我们经常会与他人发生意见相悖、争吵的时候，其实争吵也是种特殊的交流，既然是交流，就包含着事实与观点。争吵时如果不想把矛盾激化，事情闹大，最好将事实与观点分开看分开谈，切忌两人一味地进行情绪宣泄，规避重点，话都擦不到边。

另外需要注意的是：当一个人对你展现出负面情绪，不要一下子就把原因归结到自己这里。有可能是对方身体不舒服，有可能他最近遇到了哪些问题，站在这个出发点上，你接下来的行动就应该是问清楚他脸色不好

的原因，然后看看自己可以帮他做哪些力所能及的事情。

千万别忽视这个逻辑，因为我们生活中的本能反应往往是：对方脸色不好，你一下子就觉得是在针对自己，然后脑补出许多狗血剧情，进而你也闷闷不乐，抑或是硝烟四起。交往中的好心态就是：该怎么回事就怎么回事，不拿情绪套事情。

/7 / 过多攀比耗时间，炫耀只会露弱点

盲目攀比不仅占用你大量的个人时间，而且还会消耗掉你所有的好人缘。何必凡事都争第一，强调什么往往意味着缺少什么，你的夸夸其谈只会遭到旁人的白眼，炫耀得越多往往也会暴露出你越多的弱点。

/8 / 得理时也饶人，别图痛快撕破脸

商业里有条不成文的规矩：不要一下子拿走谈判桌上所有的钱。这条规矩放在人际交往中，亦然。

有些人没理时也要辩三分，稍稍意识到了自己的正确就开始咄咄相逼，得理不饶人。然而道理都是相对的，谁也不可能做到绝对正确，当你赢得了某件事情的争论点，一定要慎用自己的发言权。对方如果有错的地方指出来就是，千万别揪住不放，让话题在原地打转，人对耻辱感这东西都有着非凡的记忆，今天你得意扬扬，揪住了他的小辫子，保不准他什么时候趁你阴沟翻船，给你下个腿绊子。

"事不可去尽，话不可说尽，凡事太尽，缘分势必早尽。"这是人际交往中永恒的至理名言。

结　语

　　今天跟大家聊了下人际交往中一些应当注意的点，希望能为大家今后的日常生活带来方便。最后要提醒读者朋友们：方法仅是参考，不要为了显示自己会交往而去交往；更不要仅仅为了维持一段关系而盲目维持，当任何一件事情让你觉得不舒服了，你就有必要想一想做这件事最初的目的是什么。离初心近一点，幸福感自然就多一点，整个人是快乐的，圈子里的人就更愿意与你把酒言欢。

七、说风凉话的人永远想不到受害者是自己

/ 1 / 如果你是刀子嘴，那你就是刀子心

王艳是女寝里的大姐大，言语犀利的她更是时刻充当着大伙的意见领袖。

二姐跟男友吵嘴，王艳会上去甩两句：果断分手！这种男人我见多了！料你们在一起也没啥好下场！(然而她至今单身)

三姐备战考研，她也会递上一嘴："天天学有毛用啊？念书都念呆了，莫不如出去找份工作实在！"（然而她两样都没经历过）

四妹每天安安稳稳，她也得上去浇盆冷水："你知道吗？班上的谁谁谁一直对你有意见，她们这么说你……"（然而她被人黑过无数次）

文中的王艳大家很眼熟对吧？没错，在我们生活中经常会遇到这种人，她们舌头比天长，心眼比针小，挑拨成瘾，补刀成性，唯一的人生信条就是：只要你过得比我好，我就受不了。

前些天一位读者朋友发信息吐槽自己在寝室中遭遇到了这种奇葩室友，想和她保持距离还怕场面尴尬，毕竟奇葩室友的口头禅就是："我是为你好嘛……"

我见状，断然回复道："别买她账，甭惯着她。"

打着"为你好"的旗号在别人精神上"揩油"的小人实在是太多了，她们口若悬河，一旦踏破了你的心理禁区，觉得大事不好时又会机灵地收回手脚，真情流露一下："你知道的，我一直都是刀子嘴，豆腐心啊……"屁。

我曾在另一篇文章中写道：如果到了二十多岁，长大成人的你，仍是口无遮拦，说话不经大脑，那么等待你的，不仅仅是他人的排挤，更有可能伴随着亲情的淡漠和爱人的疏离。不管你信或不信，我都要很遗憾地告诉你，无论你自我感觉多么良好，在他人眼中，你说什么样的话，就是什么样的人。尤其在当今社会，生活节奏快，人与人间的关系，基本上都是浅社交。没人有那么多时间去洞穿你邪恶的外表看到你内在的好。

/2/ 有过痛苦，才能真正理解他人的痛苦

你不得不承认，这世界上，百分之百的理解是完全不存在的，很多时候我们彼此间的理解程度，能达到百分之四十就不错了。倒是有一种情况会使你相当程度地理解到他人的感受，那就是：位置互换。

王浩是个出了名的花花公子，异性缘极高，小楠当初看走了眼，被撩成功，天长日久，毫无安全感。每当小楠跟王浩诉苦："亲爱的，我是你女朋友欸，你考虑下我感受好不好。"王浩的自动回复都会是："我考虑了啊，不过考虑之后我还是觉得我的做法并没有什么嘛，很正常。"

剧情就是这么狗血，小楠被残忍抛弃后，王浩另结新欢，白富美。这回轮到王浩驾驭不住，力不从心了："宝贝儿，我是你男朋友，你考虑下我感受吧！"擦，人家管你这个？

几个月后，王浩接到了"不合适"的最后通牒，哭晕在厕所。当他正想来一出浪子回头时，小楠已有下家了。两条船，说翻就全翻了。只有活该。

你发现没，当你站在你自己的角度时，什么都是对的。这世界上，更没有哪个人会真心觉得自己有错。你以为杀人犯就会诚心悔过吗？不，他们悔也是后悔为啥没处理干净，锒铛入狱；他们恨也是恨世界上有法律这玩意儿，而且疏而不漏。普罗大众就更是不会觉得自己有错了，往往是面上照顾照顾别人情绪，肚子里一大堆难言之隐。

然而，谁都有虎落平阳的时候，三十年河东三十年河西，不懂得换位思考，你就根本不会真正理解别人的不易；事情没落到自己头上，说风凉话的你永远不懂珍惜，而不懂珍惜的人，等待他们的是："当轮到我的时候，才追悔莫及。"

今天，你在寝室里抽烟喝酒打麻将，公放你偶像的混音歌曲，室友叫你安静些，你说失眠是病，得治；明天，你室友在墙上钉钉子，你睡不着的时候才明白：昨天欠人家一句对不起。今天，你劝人家小两口能分就分，能离就离；明天，当你爸妈告诉你"你们是亲兄妹，不能在一起"的时候，你才知道：宁拆十座庙，不破一桩婚。今天，你对别人的人生指指点点，说三道四，搞得对方不得安宁；明天，当七大姑八大姨问你学业、工资、找对象时你才预见：长大后，我就成了你。

/3/ 这世界除了法律，还有一种规则叫"将心比心"

你可能想不到我这篇文章的灵感来自于时评。几个月前吧，轰动一时的大众与比亚迪事件进入了我的视野，当时我的态度很冷漠，还标榜着自己的理性，觉得不守交通规则的人被撞死都活该。后来，我看到一篇文章，叫《幸运的大多数》。文章中有这样一段话击中了我：

"有些人以为发一杆枪给公路怒汉，就是让他们帮我们充当马路的清道夫。但这些人并不知道。这把枪送出去的同时，它就抵住了我们自己的后脑……我们倾向于认为自己是好人，我们天真地觉得自己并不会犯错，然而我们所谓的"正确"，并不是真正的正确，有可能只是"幸运"而已……"

看了上面这段文字后，我当即写下一篇文章《有一种理性让我们细思恐极》。是的，理性这东西，对别人的时候蛮痛快，但当它指向自己的时候，我们就知道可怕了。

当疫苗案发生的时候，当一些网络喷子扬言轻信谣言是智障的时候，那些反击他们的人，多半是孩子的家长。毕竟为人父母，知道事关重大。

当和颐酒店女孩被侵袭事件被闹得沸沸扬扬的时候，真正能横眉冷对，将矛头直指问题核心的人，也大多是女性群体或有另一半牵挂的人，他们更懂得什么叫失去。

当我不断反省，不断梳理这一切时，我发现，一个高度发达的社会，并不是只有法律在发挥着牵制作用，道德也应当占据着不可忽视的领域；而一个真正理智成熟的人，更应当在满口指责，说风凉话的同时，弯下你那尊贵的A4腰，看看弓背说话的时候，它疼不疼。

说风凉话的人永远想不到有一天受害者可能会是自己；

一个大写的人除了要懂得丛林法则与事物规律，更应当明白有种不成文的规定叫"将心比心"。

结　语

我终于知道了两千多年前，当学生子贡虔诚发问"有一言可以终身行之者乎"时，孔子为什么唯独说了那句："己所不欲，勿施于人。"

八、真诚才是最好的"套路"

/ 1 /

话说从前，有这么一对儿恩爱的老两口，都爱吃煮鸡蛋。

煮鸡蛋，自然分蛋清和蛋黄。

老爷爷呢，特别疼老奶奶，每次吃鸡蛋的时候，都把蛋清让给老奶奶吃，自己闷头吃蛋黄。

后来有一天，老奶奶病重了，时日无多。

老爷爷打算在她临终前再喂她吃一次蛋清。

可没想到，都送到嘴边了，老奶奶笑着对老爷爷说："老伴呀，其实我爱吃蛋黄，可看你也爱吃，我这辈子都没舍得吃一次。今天，让我吃一次蛋黄吧……"

这个故事听起来很感人，却又令我们哭笑不得：太过在意对方感受，想要处处迎合对方，选择掩埋掉真实的自己，可到最后才发现，一切都是场美丽的误会。

我身边也有这样一对情侣，很有意思。

男孩呢，是性格比较沉稳，做事比较淡定的那一款。女孩呢，活泼开朗，性格外向。

　　两人在一起后吧，这个男孩考虑得多，他觉得：咦，她那么爱玩，那么阳光，相比之下我又这么沉闷，显得很没趣，不行，为了让她更喜欢我，我也得学着open一点，这样两个人才有共同语言。

　　过了一段时间，女孩提出了分手。

　　女孩怎么想的呢：啊？他原来这么浮躁啊？我当初喜欢他就是因为他看起来踏实可靠，没想到日久见人心，他居然想事做事都这么轻飘！老娘看走眼了……

/ 2 /

　　小丰是我读大学时认识的好朋友，方方面面素质都不错，在校园里进过的社团，拿过的奖，见过的人，比谁都多。

　　但即便这样，整整四年下来，小丰都基本没交下过什么贴心的朋友。

　　读到这你可能会猜：嗨，一定是他恃才傲物、目中无人，大家才都不爱理他吧？

　　恰恰相反。小丰是个很随和的人。好人卡攒了一大堆，见谁都能说两句，压根儿就没出现过话不投机的时候，跟谁都没闹过矛盾。

　　但这么圆润的少年，还就是没朋友。

　　大学毕业一年后，我打电话给小丰，问他境况怎么样。没承想，电话那头的他有了好消息：我终于交下了几个真朋友了！

　　我连问什么情况。

　　他说："真是没想到，以前事事照顾别人情绪，当老好人，就是没人买账。现在不在乎那么多，怎么想就怎么说，反倒找到了几个知音，人啊，性本贱。"

　　见证了整个过程前前后后的我，倒不觉得这是别人贱不贱的原因，问题恰恰就归结于小丰他自己。

女娲娘娘在捏小泥人的时候，多少有些随性，她可没有用什么圆规三角板一类的精良仪器，相反，一挥而就，塑造出了千千万万个天差地别的我和你。

每个人都是彼此独立各不相同的生命个体，你为了能找到红尘知己，磨平所有的刺与棱角，以为圆一点，再圆一点就能包住一切，可事实却是，那个圆也在弹走一切，也在慢慢地吞噬着你的初心。

/ 3 /

话说有这样一对兄弟，哥哥心思重，懂得取悦家长，对自己要求也高。

弟弟从小就是个淘气包，神经大条，直来直往，也不招人喜欢。

在两兄弟长大成人前的岁月里，哥哥无疑是活得比较顺遂那个。

因为他基本上从没偏离过家人期望的轨道，即便偶有偏差，单单一招报喜不报忧，也足以维持好一个高大全的人物形象，更何况，还有弟弟这个"反面教材"在时刻衬托着他的光环。

但天长日久，你真的觉得哥哥会活得比较舒服吗？不，出来混，终归是要还的，面对那些无止境的期待，每每曲意逢迎一次，你都是在作茧自缚。

反而弟弟会过得随心一点。反正那个期待值已经那么低了，自己走什么路，怎么走，往哪儿走，基本没人会管你，大家都会把目光聚焦在主角的头上，至于你，反正也没什么大出息，爱哪去哪去吧。于是，弟弟的包袱放下了，精神松弛了，灵魂也就自由了，反而能收获到满满的幸福感。

我讲的这个故事，可不是个例，而是已经在无数中国传统教育环境下发生的悲剧。

当我们发现自己虚构出一份别人可能会抱有的高期待值，我们便会放下自己的"个性"去接近它、迎合它，尤其是当你第一次吃到了"迎合"的甜头后，你获得了行为激励，误以为自己进入了良性循环，便会把心里的那个"真我"消灭更多，更加心甘情愿地去为了得到别人的认可而活着。

然而人的欲望是无止境的，别人对你的期待无止境，你对满足期待后的奖励的渴望更是无止境，长此以往，你其实是跳进了一个恶性循环中，把别人心里的那个"你"不断神化到天国，最终将真我埋葬，只留下了一个空洞的躯壳。

/ 4 /

我曾经写过一篇文章，叫《请注意这10个能让你脱颖而出的小细节》，可能是因为涉及人际关系这一块吧，一经发出就成了那种网络爆文，不仅得到了包括人民日报官微在内的各大媒体平台的疯狂转载，也上了简书的30日热门板块。

很多读者读了这篇文章后觉得获益匪浅，经常会发私信问我一些关于"如何打理人际关系，如何成为一个受欢迎的人，如何掌握交往套路"的问题。

但回想当初，写这篇文章主要的目的还是为了让大家掌握一些交往方面的基本礼仪，具体的建议都是针对行为层面。

如果谈及交往的态度与原则，还是要奉劝大家：真诚才是王道，不光是对别人真诚，对自己也要真诚，要善于忽略套路，要敢于亮出真我。

套路这东西，之所以称其为套路而非智慧，就是因为它毕竟也是一条"路"，但如果沉迷其中，你很容易被它"套"住。

记得读研阶段，有位老教授对我们说："很多人的一生啊，都逃不出自欺、欺人、被人欺的流程。"

刚开始觉得这话没什么分量，但随着日后阅历的积累越来越发现其中的微妙所在。

我们经常会想象他人对自己的期待或是需求，明明自己不是那一款，硬装也要装作是那一款的人，此为自欺。

抱着这样曲意逢迎的态度去交往，你也就是在欺骗对方，此为欺人。

然而对方是不知道你在骗他的，他还以为你真就是这一款呢，于是更加会用这一款的标准去要求你，你总有一天会感到不适，此为被人欺。

最终，机关算尽太聪明，反误了快意人生。

结 语

敢于亮出真我，别被执念束缚。对他人和自己真诚一些，就是交往时最好的"套路"。在这个时代，每个人都迈着匆忙的脚步，没人会在乎你伪装之下，藏着多少用心良苦。多一分纯粹与坦率，少一点自以为是的虚假招数，别人轻松，你也舒服。

✡

为你私人订制的烦恼药方

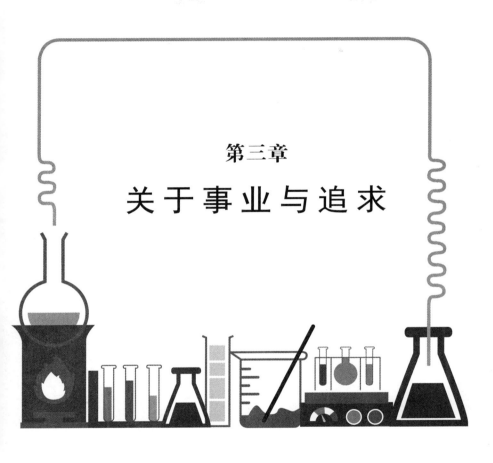

第三章

关 于 事 业 与 追 求

一、别让这五大误区扼杀掉初入职场的你

导语

我们很多年轻人都是刚刚从象牙塔走出来初入职场或准备着向职场进发。

但在校园的环境里待久了，不免会产生许多对事物的刻板印象，它们会对你的职业发展产生致命的影响。

今天我结合个人经验为大家总结一下这些思维误区都有哪些。

废话不多说，干货奉上：

/ 1 / 补短思维

我们在学生时代，经常会被老师和家长们耳提面命："千万不要偏科啊，优势科目分数再高也没有用，要把精力放在提升弱势科目上面。"

这在传统的中国教育环境中是有一定道理的。我们从小到大面对的考试规则都是总分制，你语文从95分提升到100分还真的不如数学从25分提升到85分划算。这就恰好对应了木桶效应，即盛水量多少取决于最短的那块板子有多高。

但这种补短思维不但在职场中不会起到正面作用，反而会使你成为谁都可以替代的路人甲。在职场里，最珍贵的硬实力就是你的不可替代性，所谓千招会不如一招鲜。没人会在乎你的短板有多短，大家都是同质化的一张白纸，方方面面都比较均衡了。这时候，你的老板最在意的，是你的长板有多长，或能延伸多长，这才是能为他带来现实效益的地方。

/ 2 / 不会坦然接受别人小小的善意

子君从小就是个乖女孩，小学到大学不仅成绩名列前茅，品德修养也是极好的。然而令她困惑的是，懂礼貌仿佛在职场中变成了一种阻碍。

在她刚进入公司的几个月里，她诚惶诚恐，生怕自己的举止不当给别人留下轻浮的印象，但子君太刻板了。

有一次，办公室的琳娜早晨上班带了两个苹果，她一个人吃不下，想分给子君一个。子君手足无措，浮想联翩。琳娜是子君的上司，子君怕接受了这份"馈赠"会显得自己爱贪小便宜，便使出浑身解数，将苹果拒之千里之外。结果，琳娜原本伸出去的手又收了回来，场面更加尴尬了……

其实，我们懂礼貌有教养是好事，但在职场中，过于讲求这些细节会拉远你和他人之间的距离。一个小小的苹果，一份暖心的礼物，都是不可多得的善意。我们要学会坦然地接受这份友好，因为你拒绝的也许不光是一个苹果，更是一份与人交心、彼此熟络的机会。

/ 3 / 任务全盘接收，不分优先级

办公室新来一位年轻的同事，我们叫他小黑。小黑很勤快，对自己要求也很高，领导分配给他的任务，他都强迫自己分分钟着手开工，从不拖沓。但时间久了，小黑渐渐感到不适。

怎么呢？怪只怪小黑过于"勤奋"，但又太盲目了。他每天早早到达办公室，连口水都舍不得喝，打开办公邮箱，将里面收到的任务指令机械化地塞进脑子里，然后，一天的忙碌就开始了。长此以往，小黑难免感到心力交瘁，更是影响了他的工作效率。

其实，我们每天面对的任何工作都有轻重缓急之分。有些任务是需要当下完成的，有些则是需要你停顿、思考一下，有个长远细致的规划，一点点去着手落实的。初入职场的你，不光要懂得勤勉，更要懂得筛选：哪些是leader最为关心和看重的议题？哪些是眼前最为紧要棘手的问题？这些都要胸中有数，成竹在胸，才能百战不殆。

/ 4 / 将自己关在"舒适区"的温床思维

你是否有这样的习惯：经常爱去同一个地方吃饭，即便那里的价格抬

升，你也不肯说服自己另换一家；你觉得自己性格内向，并顽固地告诉自己"我就是这样一个人"，所以你从不肯当众发言，觉得那样很不舒服；你在某个岗位工作久了，熟悉的工作内容和稳定的工作环境让你产生了依赖感，所以即便遇到更好的机会你也不愿走出这小小的圈子。

如果这些仅仅是你的生活选择，那无可厚非。但请注意，这样的思维习惯在职场中很有可能成为你未来发展的最大阻碍。

心理学研究中有一个著名的"舒适区"理论。简单地说，舒适区是指活动及行为符合人们的常规模式，能最大限度地减少压力和风险的行为空间。它让人处于心理安全的状态。但是，当你咬牙跺脚，勇敢地迈出那一亩三分地之后，你会发现，原来令你心生抵触的外界，蕴藏着无限的风光与机遇。

在职场中，那些勇于挑战自我、乐于接受新任务、敢于面对新变化的人们，他们的处事会更有效率，处理新的和意想不到的变化时会感到更加容易，而且当他们发现有必要时，会更容易促使自己走出当前的舒适区，与更多的美景相遇。

/ 5 / 缺乏独立思考，分不清事实与观点

这在很多初入职场的年轻人的思维意识中很常见。我们经常被训导："要多向人请教，多咨询经验。"但需要你警惕的是，我们更应偏重汲取的应当是他人给予你的宝贵信息，而非个人观点。也就是说，我们要多听客观事实，谨慎清醒地面对主观意见。

子林在刚到办公室的几天里，充分发扬了不懂就问、虚心求教的原则。当他着手准备一项新的任务时，无论大小，都要先过问一下有经验的同事，但同事提供的经验往往掺杂了个人情绪和意见在里面。例如针对某

项资料的整理，同事会说："这些资料第一部分是关于产品的，第二部分是关于品牌的。但是整理起来很复杂，让人很头痛，谁都懒得做呢。"在这段话中，第一句是属于客观事实，第二句则完全是主观判断。小林如果全盘接收，不加以独立思考，便很容易先入为主地对这项工作产生了抵触情绪，从而影响工作效率。

当我们无论是与他人交谈，或是向他人请教，甚至是在网络上浏览信息时，都要时刻提醒自己：将事实与观点区分开。这样，你的思维是客观的，头脑是清楚的，就会做出属于自己的具体判断。记住两句话：一是别人的意见并不是永久普遍适用的，有经验的人未必说得都对。二是永远不要让自己对任何人或事物抱有刻板成见。

综上所述，为大家整理出职场新人应当注意的五大思维定式。正如最后一点提到的，有经验的人说得也未必都对，所以，也不必把我总结的这几条都尊为职场圣经。我姑妄言之，您姑妄听之。

最后祝愿我们前程似锦，工作开心。

二、（诚意奉献）教科书上没教给你的八条职场经验

导 语

　　平时有读者朋友常发来简信咨询有关职场问题，最近又恰逢毕业季，很多小朋友正经历着从校园到社会的过渡，来信感慨之余略带惶恐，生怕自己不适应新的环境。

　　提起职场的人际关系处理及做事方法，很多人都不约而同地感叹道：职场如战场啊……这种说法虽然有些夸张，但也从一个侧面反映出办公室文化与传统校园文化的大相径庭。

　　那今天，韩大爷就来跟大家说几条关于职场生存的经验技巧。老规矩，讲到每一条时，还是会向大家推荐一部相关经典电影。好了，闲话不多讲，干货奉上：

/ 1 / 切莫交浅言深

老话讲得好：病从口入，祸从口出。对于初入职场的年轻人来说，没有什么比管住嘴、守住心更实际的了。

平日里我们喜欢指点江山，大吹牛皮，但要注意，一旦踏入这个你不熟悉的环境和领域，还是要记住那句亘古名言：沉默是金。

提醒大家：尽量不要跟与你深处一个圈子里的人去吐槽同在这个圈子里的其他人。

这世界上的话但凡说出口，就没有保密可言。没有不透风的墙，身处在同一个圈子里就更是这样。

吐槽与议论传来传去传到当事人的耳朵里，你将来的路上必将少了一个铺垫，多了一道坎。

能不在背后议论尽量不在背后议论，如果遇到特殊情况不说两句双方都下不来台的话，那就记住：能少说一句是一句，话不说满不说死。

另外，当别人自嘲时你也不要跟着附和，自己家的孩子自己可以说，你跟着骂两句人家可能就记在心里了。

/ 2 / 做好信息收集

在这里我们所说的信息收集，包含两部分：一块是有关这个企业和团体的信息，另一块是企业中箭头人物的信息。

你通过撒鱼网般地投简历进入一家公司，你对它的了解程度可以说是冰山一角。即便入职前你查阅了有关这个企业的相关资料，基本上也是一些官方的宣传套话。

所以说，当你正式入职后，有必要通过各种便利的渠道深入地了解下它的历史、它的企业文化、它的一些典型案例，以及它的运作规则，这对你上手工作及未来发展都大有裨益。

再一个是要收集下有关这个公司的主要领导、你的顶头上司，以及你周围几个重要同事的信息。包括他们的性格、他们的偏好、他们处理问题的方式，甚至是他们工作中的一些习惯。

如果你对这些一无所知还嫌了解起来麻烦，那这种一上来就得过且过的态度对你的事业将会是有百害而无一利。

/ 3 / 搭建有效社交

当今所谓的职场心理学和厚黑学等相关书籍鱼目混珠，随手拿来一篇文章都会告诉你：处处攒人脉，事事靠关系。然而，盲目地搭建关系对于我们初入职场的小强而言，副作用无异于杀虫剂。

在这里要提醒大家：建立良性的社交关系千万不能急，彼此的充分了解与感情建立绝非一朝一夕。

自来熟会带来两大弊端：一个是轻浮的表现会让对方觉得你心飘人浅，面上不说什么，心里早就对你另眼相看。再一个是它让你卸下一切防备，主动地暴露出所有的恶习与缺点，做事不当心更容易让你防不胜防，马失前蹄。

另外也请注意：要想搭建有效社交，最好有些针对性。每个部门职能不同，你作为员工所要为之负责的主管人员也不同，如果一味追求做个老好人，对任何人的要求都来者不拒，不仅会让你顾头不顾尾，更容易被人当枪使，最终处于里外不是人的尴尬境地。

/ 4 / 分清主次矛盾

刚刚接触新工作，难免会有种无从入手的感觉。这时就需要你分清任务主次，有个轻重缓急。

有些任务是需要当下完成的，有些则是需要你停顿、思考一下，有个长远细致的规划，一点点去着手落实的。

初入职场的你，不光要懂得勤勉，更要懂得筛选：哪些是leader最为关心和看重的议题？哪些是眼前最为紧要棘手的问题？这些都要胸中有数，成竹在胸，才能百战不殆。

在这里建议大家两点：第一，当同时面临紧急任务和重要任务时，先去做好重要任务，这是最能体现你价值的地方。

第二，当重点任务完成起来难度相当大，也就是说你肯定做不好，那就要有割肉止损的准备，越是一件事做不好，更要把其他事做好。永远记住，你的核心宗旨是创造有效价值而非盲目地堆砌时间精力。

/ 5 / 秉承互利心态

进入职场后，你可能有问题向前辈请教，可能有事情要找同事帮忙，也可能需要与人合作才能完成某项任务，这些都很正常，不要觉得是在欠人情。老话说得好：人情不怕欠，但要记得还。这时就需要你随时都保持着一个互利共赢的心态。

你的老板聘用你，他需要的是你为他创造出实实在在的利润，所以面试时，你大肆鼓吹你的学历、荣誉、人生感悟和职业规划，都不如切中要害地告诉他，你能为他的公司带来什么东西，更能博得他的青睐。你的爱人选择你，证明你已经得到了她的认可，此时她最需要的是你传达给她"我也同样甚至更爱你"的信息，所以你不断证明自己多优秀，别人如何比不上你，都不如你每天陪着她、呵护她更能让她安心。你的导师选你做他的研究生，他最看重的是你的知识架构与他的研究方向是否有交集，所以你笑脸逢迎、打招呼送礼都不如你为他的研究工作做出实际贡献来得实际。

在寻求帮助时，要记得看清对方的需求再努力。社会关系的本质是利益互换，包括物质上和精神上的利益，所以，一定要在开口前想想你能为对方贡献什么，这样才能百发百中，一招制敌。

/ 6 / 过滤上层情绪

每个领导都有自己的个性，每个老板都有这样那样的脾气，你可能不服，你可能委屈，但请你注意：不要用抵触的心态来对待你和上司的意见分歧，如果他说了十句话，有九句是在责骂你，那你就自动把这九句屏蔽过滤，挑那一句有用的听。

很多初入职场的年轻人自视甚高，觉得劳资好歹也是个天之骄子，看问题会没你清？可以负责任地告诉大家：真的有可能。要知道的是，位置决定眼界。即便你的老板智商平庸，情商告急，情绪不稳定，恰逢更年期，但他所处的位置远远高过你，他每天接收的是整个企业内外四面八方的优选信息。

所以说，并不一定是有多么大的能力使他成了老板，而恰恰是因为他处于老板的位置上，站的山头比你高，往往能获得一个较为宽大的格局，有些问题看得也自然比你清。

请记住：不要在意别人给你提供信息时所附加的情绪，我们要专注的是信息本身，我们的最终目标是超越，超越的前提，是不断学习和汲取。所以，请把上层的有用信息接纳下来，过滤掉个人的情绪。

/ 7 / 拿捏好你与leader的关系

职场中，除了要处理好与同事间的人际关系问题，更要拿捏好与领导的距离。太近有风险，太远难做事。关于这个问题，给大家提两条具体建议：

一、切忌唯唯诺诺，敢于索取资源

很多进入职场的年轻人，因环境陌生或成见束缚，畏首畏尾，生怕自己出一点差错，甚至是不敢接受同事间的一点善意，领导交代任务时，张口"是是是"，闭口"嗯嗯嗯"，把自己当成了一架逆来顺受的机器。

请注意：领导也是人，在布置任务时难免有不完善的地方，如果真的有问题，就尽管提，方式得当就可以；另外，浑身是铁也打不了几斤钉子，任何事情都无法一人独立完成，你需要很多的资源与人力去配合你，你要善于更要敢于向上司索要必备资源，这是能保证目标有效达成最核心的问题。

二、心理距离要适当，公私要分清

很多领导为了塑造亲民形象，都会表现得乐意与员工打交道，给人的感觉不像领导，就像你身边的好友一样。

请注意：你可以用同样的礼节去回应他，但千万不要真的放松警惕，轻易交心。领导终归是领导，公私问题要分明，今天你跟他插科打诨不分你我，明天不知哪里得罪了人家，一句话就能支出你十公里。

/ 8 / 杜绝差不多心理

在我们的日常工作中，宏观性的大任务与非常时期占的是少数，多数的时间里，你面对的基本上都是琐碎繁杂的小事和无关紧要的东西，有时可能在你眼中，很多交代的事情完全基于领导的"一时兴起"。

但不要忽略这些"无伤大雅"的元素，正是他们构成了你的工作日常，在处理这些小问题时，要切忌差不多心理。

无论什么工作，交代给你后都要尽最大可能地做到位，最好养成反复确认的好习惯。如果安排给你一项主观性较强的任务，请记得准备好Plan B.

另外，人都有惰性，你要看清并善于运用这一特征。所以，在工作中你尽量要让领导做选择题而非问答题。这些看似稀松平常的东西，反而能体现出你的周到细心，在温水煮青蛙的竞争环境里，让你脱颖而出，鹤立鸡群。

结语：今天与大家聊了下关于职场中处理问题的相关经验与技巧，希望能为大家带来帮助与收益。鄙人才疏学浅，以上也都是我一家之言，大家姑妄听之，仅作参考。如果有好的经验补充，欢迎在评论区内留言，方便读者朋友们互通有无。

最后与新晋上班族的小朋友们分享一句话共勉：没技巧时，甭抖小机灵，沉默是金。有技巧时，不滥用技巧，诚意在心。

三、对不起，我并没有想成为什么样的人

在电影《阿甘正传》中，有人问阿甘："你以后想成为什么样的人？"

阿甘反问："什么意思？难道我以后就不能成为我自己吗？"

"你是个什么样的人？""什么才是你想要的？""你喜欢哪种类型的人？""你的梦想是什么？""你未来的规划是什么样的？"……

以上是我们生活中常能遇到的宏大命题，有时候是别人问你，更多时候是你问你自己。但就像问自己"我过得幸不幸福"一样，这些问题你可以问，但别总问，因为问来问去往往是：越问越不幸福，越问越不清楚。

越不清楚还越爱问，人最大的愚蠢就是活得过于较真。每天憋在屋子里琢磨来琢磨去，绕着房间满地打转，最后也难逃抓着头发躺在床上仰望天花板，叹一句：妈的，迷茫。

更重要的是，人一旦缺乏答案，就会寄希望于标签。为什么？懒。

懒到用星座判断他人，懒到用血型定位自己，懒到希望从大师的嘴里打探前路知己，懒到试图用一张A4纸穷尽一生的命题。

但世界上并不存在完全相同的两片树叶，人生也不只有一种标准答案，标签贴来贴去，最后只会首尾相连地粘在一起，变成一层又一层厚厚的茧，困住你自己。

而且，当你把这些标签贴别人身上时，你就无意中带上一副极low

的有色眼镜，不仅看得不准，还很容易伤人。

贴标签的法子不管用了，我们就倾向于问别人。于是，没有最蠢，只有更蠢。要知道，当你问我任何一个问题，我明明不知道答案，也会编个答案给你，免得被你看不起，这是人不愿承认的天性。

所以，你自己搞不定自己，就去搞别人，别人最终就轻而易举地搞了你。

你自己给自己贴标签，上面写着外向型，别人把你从货架上取回家，自然就拿你当外向型用，天长日久你被用得不舒服，回归本性，别人悔不当初，把你扔进了垃圾桶。整个坑爹流程古人一言以蔽之：自欺，欺人，被人欺。

时间长了你就会发现，你越问自己是什么样的人，你就越不知道你是什么样的人；你越琢磨着对方是个什么样的人，对方就经常能让你感叹："妈呀！他居然是那样的人！"心急吃不了热豆腐，但凡试图一口气吃成个胖子的家伙，最终都不免嚼碎了牙往肚子里咽。

更何况，"自己"这东西，是设计不来的，人生这玩意，更规划不来。

你有一张Excel表格，上帝也有一张。他知道你这张的内容，而你永远不知道他那张表的内容。他那张表叫作人生，你这张其实叫欲望。没有把欲望放进表格更糟糕的事情了，就像全世界只有一种型号的避孕套。人生如果是可以算出来的，上帝就应该是个会计。

我读本科时很崇拜一位老师，他的职业生涯令人神往：先是做过各种工人，甚至当过火车司机，成人高考升入大学，硕士毕业后做了十几年的省报记者，用他的话讲就是上午可能还在某个金碧辉煌的办公室里与某企业家交谈，下午就可能要去监狱里采访某个杀人犯。他一直做到了报社的副总编后，转入高校任教，又攻读了博士学位，这一生真的可以说是读万卷书，行万里路，与万人谈了。

但在某节课上，他对我们说："我知道在座的各位有想模仿我的，但我还是劝你们别抱这个期望，一个是时代不同了，你也不知道自己什么时候下水什么时候上岸合适，再一个就是，人这一辈子你是规划不出来的，不可控因素特别多，看似有很多种选择但挣扎空间极其有限，等你们年岁越大就越能体会到这一点。所以说与其信誓旦旦地如何如何，莫不如随遇而安，坦然勇敢地一直往前走。答案都是走出来的，没有问出来的，日子都是过出来的，没有算出来的。相信自己的直觉，别给自己设置任何藩篱，谜底终有一天会自动揭开，这也是人生最有意思的地方。"

他的这番话让我想起了一部电影：《贫民窟里的百万富翁》，影片中男主前半生看似无意留下的任何经验与积累，都深深地埋下了种子，并在机遇到来时，绽放成了一朵惊艳的花。无独有偶，电影《列宁在1918》中也有这样的一段话："如果这是一场你死我活的生死搏斗，你怎么知道最后打倒对方的是哪一拳呢？"

生活就是这样，看似一件件无足轻重的小事，都很可能在你以后的人生中产生"蝴蝶效应"，或是助你长风万里，或是让你一败涂地。所以古语有云：菩萨畏因，凡人畏果。一个真正理智成熟的人更在意自己是否种下了好的因，当把一切铺垫都做好，机遇到来时自然就水到渠成；而轻佻浮躁的人往往以结果为导向，为了让通向目标的路看似笔直通畅一些，挥舞镰刀疯狂地砍掉一切枝枝蔓蔓，简单粗暴的手法看似屏蔽了一切干扰因素，但一同被屏蔽的也包括通往终点的另一种可能。

等你一点点长大、成熟，你就会彻底明白：这个世界也好，世上的人也好，人生也好，生活也好，都不是那么清清楚楚、非黑即白，正如埃德蒙·伯克所言：不确切是所有伟大事物的本质。阿甘的妈妈曾说："生活就像是一盒巧克力，你永远不会知道下一块是什么味的。"孟非爷爷也在书中反复强调：与其急头白脸，不如随遇而安。

结 语

总有一天，你会看见，平凡才是唯一的答案。

四、即便是个loser，也要活得像个winner

/ 1 /

记得读大学期间，一位有着多年从业经历的老教授为我们讲授新闻史课程。课间，他向我们讲述了一位民国期间鼎鼎大名的时政记者邵飘萍的奇闻轶事。

在那个时局动荡、战火纷飞的年代，时政记者因工作需要经常要与政治家们打交道，所接触的也都是社会上层各行业的大牛人物。这个在当时看似很光鲜有面子的职业其实也是块烫手的山芋——想写出好稿子，拿出针砭时弊有分量的作品就必须得到社会名流们的尊重与认可，甚至要与他们成为挚友，最好达到无话不谈的程度，这对于普通民众来说，太难了！

人脉，不是说建就能建成的，大人物，更不是你说攀附就能攀附得上的。但就是这样一份棘手又没头绪的工作，被邵飘萍做得风生水起：出身一般的他不仅得到了许多与大人物们面对面打交道的机会，更是随时掌握着当时第一手的内部消息，写出的稿子一经刊发，时局都要抖三抖。

他是怎么做到的呢？老教授讲道：

每当邵飘萍需要采访某位政府高官时，他都会先准备好一身量身定制的上等西装，面料极其考究，搭配一顶昂贵的西洋帽，挑选一双做工精致的皮鞋，再租借一辆全国的少有的奢华汽车，就连随身携带的烟卷也都是名贵牌子。

他的钱袋里塞满大洋，遇见警卫打点几块，劳烦仆人通报时再打点几块，所有的府内随从都不知他何许人也，但谁都不敢轻视怠慢，一路畅行无阻，出入无人，得到目标人物接见的机会往往是普通同行的几十倍。

邵飘萍是个腰缠万贯的老员外吗？不，他当时区区二三十岁，这一次采访的开支几乎是他几个月的生活费。然而，这样的他往往却能得到名流们的重视与认可，进而拿到第一手的采访素材，而这一篇稿子一旦出炉，价值连城。

在他还不是一个成功者的时候，就已经在用一个成功者的心态与姿态去做事了。

/ 2 /

美国好莱坞身价最贵的男演员，威尔•史密斯曾主演过一部妇孺皆知的励志电影——《当幸福来敲门》，本片取材于真实故事。

电影中，男主角克里斯是个职场失意、濒临破产的推销员一枚，在他人生最艰难绝望的低谷时刻，他决心踏入一项陌生却多金的领域，连跳数级，成为一名光鲜亮丽的股票经纪人。这对于债务缠身，吃了上顿没下顿的他来说，困难程度可想而知。

但是，即便是在最坑爹的时光里，克里斯也把自己打扮得有条理。即便身处糟乱的地狱，他也要活得像个上帝。你能看到，电影中的克里斯无论走到哪里，都会随身携带着一套干净整洁的西装，即便是穷得吃不起饭，也毫不吝惜地为头头垫付停车罚单。为了让土豪金主成为自己的理财客户，他想方设法与其接近，却永远保持自重慷慨的姿态，不逢迎，不谄媚，不卑不亢，自重而真诚。

如果你细心观察就能看到，影片中的克里斯有一个特点，无论是走路还是与人打交道，永远会保持昂首挺胸，在他的身上你看不到一丁点贫困潦倒的影子，在他的性格里更找不到一丝类似于"穷学生思维"所带来的桎梏与烙印。

自信、优雅、慷慨、热忱、执着、大气，最终帮助克里斯力挽人生颓势，如愿成为股票经纪人。幸福，总会主动敲响拥有大人生格局者的家门。

/ 3 /

朋友L君是个被公认的女神，一个星期前与某位中年富豪步入婚姻殿堂。这一略显狗血的桥段成为圈子里大伙茶余饭后的理想谈资，背后的指指点点也是源源不断，但她并不care，对旁人的指摘不以为然。

一次与L吃饭聊天的过程中，我追问道："为什么非得找个中年土豪供人说三道四呢？你之前那几个年龄相仿的男友不也挺好的吗？虽然穷一些，但也可以慢慢来嘛。"

L君双手一摊，语气真诚地对我说："别人都以为是钱的问题，说是也是，说不是也不是。大家都以为女人是物质的，但我们并不是一切都向人民币看齐。老实说，跟一个有钱人谈恋爱与跟一个一穷二白的小伙谈恋爱，在待遇方面的差异并没有想象中那么大，现在的我一顿饭也仍然是几十块钱。但重点是两人相处时自己对对方的心态以及自己的感受。

我之前跟一个物质水平匮乏的年轻小伙在一起的时候，说实话，真心累。可能是缺什么就更在意什么吧，我平时逛街多看名牌包包一眼，他就会觉得我虚荣爱钱。我多跟异性朋友聊几句，他就会脑补出各种我劈腿背叛的画面。刚开始我以为是他太在乎我了，后来发现并不是，归根结底，他是物质基础决定了上层建筑，过于敏感自尊心太强，太在意自己。

谁都不想跟一个中年发福的秃顶大叔荒废青春，但我不得不承认，和现在的他在一起时，我确实活得更舒服些。毕竟他是过来人，对女生的一些心事都了如指掌，平时更不会无理取闹地犯矫情，他事业方面完全碾我几条街，所以我再怎么追求自由在他看来也是孙猴子逃不出如来佛的手掌心，对我放心得很，‘老子这么厉害，还怕你看不上我随风而去’，这份强大自信的背后带给我们两个人一份从容与安定。要是之前的男朋友也具备这样的心态，我宁可天天跟他吃盒饭也不会走到土豪身边。"

我听着女神L的侃侃而谈，深以为她的话虽然略有刺耳却不无道理。我们一众屌丝在意淫高富帅横刀夺爱撬走良家女的剧情时，都以为是高富帅这三个外在条件将我们无情碾轧，然而不容易看到的是，支撑着高富帅群体们背后那份强大的自信与精英的眼光以及成功人士的胸怀。打倒你的不是先天设定，而是后天心态。

/ 4 /

在简书上写文章已经一月有余，小有成绩。有读者朋友也想涉入写手的领域，摩拳擦掌来向我咨询。

有一次我发现了一个有趣的现象。

某位读者朋友对我说："简书有一条规则太不公平了。"

我问："哪一条？"

他答："就是貌似如果成为签约写手的话，他们的文章可以直接畅通无阻地第一时间登录首页，根本不需要层层把关和严格审核。这样一来，我们普通作者的文章就被挤下来了嘛，更何况，他们被淘汰的风险大大降低后，还怎么能保证作品的质量？"

我对这个问题也蛮感兴趣，就专门去几个签约写手的个人主页上浏览他们最近发布的一些文章。

然而我发现：在这些作者成为签约写手，享受"更加便利"的发表条件后，他们的文章质量不但没有降低，反而精品频出，丝毫不亚于从前。

后来我想明白了，之所以会出现这种现象，原因恰恰在于他们的通过率大大提升了，在创作文章时心里也就有了底。"老子就是我笔写我心，怎么想的就怎么写，反正也能发布出去。"有了这种从容的心态做后盾，笔者自然就会更加放松，而写作时的心态放松及其重要，他能让你说人话，讲人味儿，文字读起来自然就温暖又流畅了。

而那些需要经过层层把关的普通写手在创作时，脑子里不免顾虑多多，有时甚至左右迎合，最终都变了味道，无法达到无招胜有招的境界。

我自从发现这一规律后，每当日后下笔成文前，都会事先调整好心态，告诉自己这篇一定会通过审核，相信自己，尽管大胆地放开写，句句走心。经过实践验证，屡试不爽，越写越好。

/ 5 /

我曾经听过新东方总裁俞敏洪先生的演讲，他当时回忆起大学生活时说："当时大家基本都是穷小子，我一个月的生活费也只有几十块钱。当时但凡有点闲钱，我都会拿去书店买书，或是用来请同学们吃饭。"

有点钱就用来买书看，这算是对自己的一笔长远投资，没什么太大稀奇；倒是听到他说但凡宽裕些就会请客吃饭时，心中充满钦佩。

在我们还是青葱少年，囊中羞涩的时候，或多或少地都会自带一些所谓的"穷学生思维"，"老子一天自己日子过得都紧，还请你们吃饭？"

这是很多人固有的执念。然而经常抱着这种"攒钱心态"的人注定在事业上走不长远。

钱不是攒出数量的,而是花出价值的,在这一层面上,我们不光要学会"提前消费",更要知道让自己的心态提前成长。社会心理学大师塔尔德曾经提出过"模仿理论",即:人格形成与人在社会化的过程中,"模仿"占据了十分重要的作用。通俗来讲就是:想成为什么样的人,就先去学那样的人,学着学着,你自己就会越来越接近那样的人。

如果自认为自己目前还不是一位成功人士就不乐于改变现有心态的话,那这样的你永远不会成为梦想中的"成功人士"。真正出类拔萃的人,往往都是还没做成大事之前,就已经开始用成功者的心态与胸怀去做事、去为人。

结 语

每块屏幕前的读者朋友们:即便现在的你仅仅是个loser,也要在前进的路上要求自己昂首挺胸,目光高远,走得像个winner.

五、请注意这9个能让你脱颖而出的小细节

近日在简书上发表的文章《从现在起，培养五个获益终生的思维习惯》广受读者喜爱。截至目前，已经收获了30000多次的阅读量，2700多个喜欢与700多次讨论。

很多读者朋友在评论区内发表看法，并期待笔者多写一些这类的实用性干货文章，今日前来应邀。上一篇文章主要与大家探讨的是思想层面，那这一篇，就与大家分享一下个人总结的，十条能让你脱颖而出的行动方面的小细节。

本人才疏学浅，如果大家还有好的建议补充，请在评论区内留言，方便我们彼此借鉴，互通有无。好了，闲话不多讲，干货奉上：

/ 1 / 把所有的 "谢谢" 改成 "谢谢你"

身处于错综密集的社会关系网中的我们，都免不了请人帮忙，或都得到过他人的帮助与鼓励。这个时候，表达感激就成了必不可少的交流技能。但你真的会 "感谢" 吗？

我们在获取了他人物质或精神上的给予时，往往是随口一句 "谢谢" 便匆匆了事，偶尔为之无伤大雅，长此以往不免显得敷衍而没有诚意。

在这里建议大家培养一个小小的习惯，那就是：把所有的 "谢谢" 改成 "谢谢你"。千万别小看了这一字之差，它能让你的善意传达起来更加温暖，令人印象深刻。不信，你试一下。

/ 2 / 愤怒时与常态下保持一致

我一直有这样的观点：看一个人是否慷慨豁达，要看他贫穷时的状态；看一个人是否沉着儒雅，要看他愤怒时的状态。

有的人平时嘻嘻哈哈，看似蛮通情达理，一言不合，立马翻脸，仿佛战斗中的雄鸡；而有的人，面对讥讽恶语，微微一笑，拂袖而去，不争一城一池的得失，却将高姿态展露无遗。

你说，情商高低是怎么显现出来的？我说，就是在这种非常态下暴露出来的，恰如郭德纲的那句 "名言"：平时游得都很像个人，潮水一退，谁没穿泳裤一眼就能看穿。

所以建议大家，越是遭遇小人刁难，越要沉得住气，退一步海阔天空，凡事先礼后兵。

/3/ 对所有"小人物"保持尊重

曾经看过一项调查：伴侣的哪一个小小的行为能让你瞬间对她/他的好感加分？其中一种热门回答居然是：对服务员说谢谢。刚开始觉得很奇怪，仔细一想，颇有道理。

真正的强者，并非是那些趾高气扬，一出场仿佛全天下我最大的开挂群体，而是那些不卑不亢，常怀宽容悲悯之心的高情商者。

一个人对比他地位高，权势大的人保持谦卑尊敬并不稀奇，而他是否对"小人物"们保持足够的尊重？对服务人员是否礼貌？接过传单时是否会顺带说一声谢谢？对身体有缺陷的人士是否抱以宽容与忍让？往往能看出他人品的高低。

/4/ 懂得倾听，不插话

交流中什么样的谈话对象让人嗤之以鼻？我想是那些完全不顾对方与他人的感受，话匣子一开滔滔不绝，即便轮到别人发表看法时他也不忘插两句的人。

懂得倾听不仅是种素养，更是一种交流技巧。它能让你在沟通过程中准确聚焦对方观点，把握对方谈话心理与目的，也使你随后的回应有的放矢、掷地有声。

当今社会，语言表达能力是一项格外重要的必备技能，但并不是谁说的多谁就是赢家。关于怎么说话，怎么让人觉得你会说话，我写过一篇文章，叫《你真的会说话吗》，大家可以查阅一下。

/ 5 / 时时懂得推己及人

孔子的学生子贡曾发问：有一言可以终身行之者乎？孔子答：己所不欲，勿施于人。这两千多年前的教诲，放在当今社会，仍是余音绕梁，振聋发聩。

多年以来我发现，人们之间许多的矛盾争吵的根源恰恰在于，不懂得换位思考。我们在寝室午休时讨厌被室友打扰，我们在赶公交时讨厌身边的人挤来挤去，我们开车时骂路人，过红灯时骂司机，但我们自己做得怎么样呢？

如果在考虑一己私欲的同时，也能站在对方的角度，考虑一下眼前这个交往对象的感受，那么很多矛盾都会迎刃而解，你也会慢慢成为大家眼中明达宽厚之人。

/ 6 / 即便相处多年，仍常顾及至亲感受

我对身边朋友印象的好坏，常常取决于他与家人通话时的态度；也见过许多情商高的人，发现他们身上有个共同点，就是即便是对最亲近的人，也同样保持着尊重与恭敬。

我们常会给自己的行为找借口：嗨，我跟你关系近才敢这么伤害你的嘛。典型的强盗逻辑。也有人说，跟他们客气什么呢？我是当他们是自己人才那样口无遮拦的。那么请问，你既然真的把他们珍视为自己的一部分，你连自己都不尊重的话，还怎么奢求别人尊重你？

这样我们就会明白，为什么在公共场合要给足男票女票面子了，那不是因为显得你多么宽宏大量，而仅仅是因为你在传达着这样的信息：我，

爱他，我，尊重我自己。自己尊重自己，就叫，自重。

/7/ 头脑清醒，语速正常，讲理不煽情

在与他人打交道的过程中，你来我往传递的无非就两样东西，一是信息，二是意见。信息不必多言，实事求是就好。而每逢观点交接，就难免会有冲突矛盾发生，这时争论就成了交流时的一种"常态"。

观点对立并不可怕，更不可耻，然而表达意见的方式却很有讲究。如果你情绪激动，青筋暴起，嗓门越拉越高，甚至是脸红脖子粗，身边人对你的评价多会是：好low，这样一点也不酷……

在这里提醒大家，当我们与他人交换意见时，不要太着急，放心，对方的话会说完的，会给你留出充足的表达看法的机会。而且，当你进行自我陈述时，语速放缓，切忌道德绑架，说理就是说理，不要动不动就煽情，越来越多的人不吃这套，大家拼的是谁的思路清晰。

/8/ 把人当人而非机器

现如今的社交都太功利化了，目的性也太强。很多人重术不重道，过于醉心于方法技巧，但长久相处下来，总会让你感到缺点什么。缺点什么呢？真诚。

无论在职场办公室里，还是在日常生活的点滴中，好友之间请常联系。切忌现用现交，切忌现用现交，切忌现用现交，重要的事情说三遍，这种行为给人的感觉真的不美妙。

另外，还有个常被大家忽视的细节请大家注意，那就是：领导也是人，上司也有七情六欲。很多初入职场的小朋友哪怕是面对一个比你早来

几天的老大姐，也会唯唯诺诺，唯恐说错话办错事，最终变得呆板木讷，连接个苹果手都在发抖。

在这里建议大家：在平时的相处中，分清公私，找准位置，工作中勤勤恳恳，生活里一视同仁。

/9/ 交流时提供充分的信息

最后一点大家需要注意的细节就是：话要说全，理要讲完。归根结底，生活中最坑爹的是什么？误解。误解又来源于什么呢？信息交流不足。

小明请小红帮他拿一把剪刀，小红不知道剪刀放在哪儿了。小明说：那边，那边。小红不知道是哪边。小明再说：就在那个的旁边。小红更不清楚那个是哪个。小明急不可耐：哎呀，你怎么这样。（其实他想说你怎么还没找到。）结果小红误以为小明在指责自己，大哭大闹，结果俩人双双崩溃无语。

很多时候，只要我们多一点耐心，多一些充分的沟通与交流，很多事情都不是什么解决不了的大难题。别再信奉什么"彪悍的人生不需要解释了"，细心点，该解释还是要说清。

总结起来就是：责备的话语，能少说一句就少说一句；重要的信息，能多说一句就多说一句。

结 语

今天在行为层面上与大家交流了一些为人处世应注意的细节，俗语讲得好：细节决定成败，性格决定命运。

这些细节，大家遗漏一两点，倒不至于让你马失前蹄，错误致命；但如果你能在平时多多留意，用心铭记，它们会让你平凡而不平庸，在你脱颖而出的过程中展现出神奇的"蝴蝶效应"。

六、拖延症？懒癌晚期？药方在这里

"子"曰：春困秋乏夏打盹，冬天还想睡一会儿。时代在发展，科技在进步，人能懒成什么样，谁也保不准。最近，有读者朋友发来简信吐槽：韩大爷，快救救我，感觉自己快懒到家了，什么事都往后拖，明知道不是长久之计，可就是管不住自己，再这么下去，感觉整个人生都荒芜了！

这位读者朋友的遭遇不是个例，生活中的我们或多或少都有点遇事向后拖的习惯，也有人戏称自己是懒癌晚期，这些没什么大不了，都是人之常情。

世间一切均有尺度，过犹不及，如果把拖延养成了一种习惯，就会大大影响做事效率。如何摆脱这该死的拖延症呢？今天，韩大爷就从认知到行为，给大家提一些治疗拖延症和懒癌的小建议。

/ 1 / 用正向的思维引导自己

这第一条看似平淡无奇，却极为重要。你知道吗？最可怕的事不在于你有拖延症，最可怕的是你告诉自己说："唉，我是一个有拖延症的人。"这个观念一旦在你的小脑瓜里彻底定型了，再想力挽狂澜也就基本没啥可能了。

为什么呢？人是最善于自我催眠的动物，而且行为往往由意识引领。很多情况下，你告诉自己是什么样的人，你现实生活中的行为往往真的就奔着那种人格去。

韩大爷在"中二期"时迷信星座，但由于当时智力捉急，以为星座这东西要根据人的农历生日进行推算，结果一对号入座，发现自己是A星座，并顺带看了一眼A星座人的性格特质，在日后的生活中发现说得太准了，我真就是A类的人哎！并发觉自己的行为日益向A类人靠拢。

两年后，我终于智商漂浮到常人水准，偶然机会得知自己原来是B星座，发现说得更准了，我真就是B类的人哎！并发觉自己的行为日益向B类人靠拢。

一言以蔽之：自我暗示的力量，管用，也可怕。

有一次，一位读者朋友问我：我做事情总是三分钟热血怎么办？我首先一句话拦下来：停！千万别告诉自己是个三分钟热血的人——原因就在这里。

/ 2 / 打破造成拖延症的心理诱因

你会因为自己有一点拖延而鄙视自己甚至厌恶自己吗？我不会，我反而尊重你。因为我知道，拖延症神马的其实并不意味人有多么无能多么无耻，恰相反，这类的人往往仅仅是不够自信而已。

一个人为什么会拖延？为什么一件任务明晃晃地摆在那里自己就是不肯立马做？为什么时间越紧压力越大反而越想绕开这块石头另谋其他？

根源就在于，你不够自信。不相信自己可以一口气把问题解决好，不相信自己能够应付得来过程当中的各种难题，一看无从着手，立马灰心丧气。

我们常说万事开头难，难就难在了我们往往会夸大问题的复杂性，同时又会忽视解决问题时乘数效应可以发挥出巨大的威力。

很多事情往往是前百分之二十的起步期比较难，稍一咬牙做完这百分之二十，剩下的百分之八十会自动地向你脚下聚集。这在传播学领域有个著名的理论对应，叫"创新与扩散"。

当我们足够自信，觉得可以胜任一项任务后，接下来要扭转的心理就是求稳心态与完美主义了。

我们的一生都在追求稳定与平衡，这并没什么不妥，但所谓的平衡你要知道，它指的是动态的平衡。生活是不给你停下来喘息一下的机会的，所有的事情也不可能像线性编辑一样从某处暂停一会儿修改一下，这一切就像你骑自行车，你需要不断地向前蹬才能在行进中保持平衡，初学者骑车时最应注意的问题就是：脚不能停。

拖延症患者是慢性子吗？我觉得恰恰相反，他们大多应该是急性子。正因为太心急，所以就出现了完美主义的心理，凡事一上手，但凡不能几小时几天内见成效，立马不想再继续。但正如前面所讲的创新扩散理论一样，在戳破窗户纸前是需要一定的积累期的，只要把这短短的起始阶段熬过去，剩下的一切，不用别人催你，你自己就找办法去做了。

/ 3 / 时刻保持着"但求次优"的魄力和勇气

如果你有拖延症，那你脑海中一定常抱着一个观念不放：破罐子破摔。

作业太多太难写？干脆一点也不写！矛盾太杂误会太大？干脆不解释一句话！

爱情里面不行就分，事业方面将错就错，既然已经这样了，那就让它糟糕透顶吧！

以上是很多拖延症患者脑海里常蹦出来的想法。其实，身患拖延症的你对自己要求真的蛮高，什么事要么不做，要做就非得做到最好。可喜可贺，你很有上进心，唯独缺乏了一点点追求次优的魄力和勇气。

中国式教育里饱含着竞争机制，这让我们从小在头脑中就树立起了"成王败寇"似的观念。但你要知道，这世界上除了第一，还有第二值得努力，除了最好，还有次好值得追寻，一件事，未必人人都能做得滴水不漏，你只要尽最大努力，完成它的二分之一，哪怕是三分之一、百分之一，都值得被欢呼与鼓励。

曾经看过一部摄人心魄的电影，叫《飓风营救》。影片中，连姆·尼森饰演的父亲是一名退休了的美国特工，她的女儿在法国旅游时遭遇绑架，身在家中的他通过越洋电话在女儿被拉走前与她进行了最后一分钟的简短对话。

他让女儿高喊出绑匪的一切外貌信息后，电话挂断。没有任何线索，没有任何头绪，但特工父亲就是凭着一股但求次优的魄力，顺藤摸瓜，步步为营，一环套一环地调查跟进，最终愣是凭借着一己之力将女儿成功救出。

很多事情，一眼是无法理顺出所有头绪的，先上手把能做的做好，下一步的方向才能渐渐水落石出。

/ 4 / 牢记帕金森定律，做好时间管理

面对拖延症，最好的办法是什么呢？每日给自己做个计划表，并按事情的重要程度先后排序。另外，你要下意识地压缩提供给自己的时间，这不会让你做事的质量降低，因为即便有更多的时间给你，你也不会去拿来干什么事情。

政治学中有一条声名显赫的"帕金森定律"，它与"墨菲法则""彼得原理"并称为20世纪西方文化中最杰出的三大发现，这一定律又演化出了十条法则，可谓条条经典，今天为大家介绍帕金森定律关于时间管理方面的运用，即压缩提供给自己的时间。

帕金森发现，人做一件事所消耗的时间差别很大：一位老太太要给侄女寄明信片，她用了1个小时找明信片，1个小时选择明信片，1个小时用来写祝词，决定寄出明信片时是否带雨伞，又用了20分钟。做完这一切，老太太劳累不堪。同样的事，一个工作特别忙的人可能花费5分钟在上班的途中顺手就做了。

生活中的我们跟那个老太太是不是有几分相似呢？您一定有印象，小时候我们国庆放长假，一天就能写完的作业任务，我们一看有七天的时间，完全够用，便会不自觉地拖了又拖，到最后玩也没玩踏实，作业也没写完。

假如你的太太给你三天时间让你带回来一台吸尘器，你一看几分钟就能解决的事，不用着急，结果往往就会是这台吸尘器三个月都没到家。

帕金森认为，工作会自动占满一个人所有可用的时间，如果一个人给自己安排了充裕的时间去完成一项工作，他就会放慢节奏或者增加其他项目以便用掉所有的时间。

而这种无意识的举动不仅不会让你感到轻松，反而会因为工作的拖沓、膨胀而感到苦闷、劳累，从而精疲力竭。所以，对自己狠一点，要做什么就 Just do it！

结　语

今天跟大家分享了一下治疗拖延症的方法，希望对读者朋友们有所启发与帮助。请时刻记住：不要轻易告诉自己"我是什么样的人"，用雷打不动的自信熬过原始积累期，凡事追求次优，不要完美主义，合理规划每一天，牢记"帕金森定律"。

七、想成为更好的自己？你需要的都在这里

我的读者朋友们中，年轻人居多。

青年群体往往是有目标、有精力，物质上比较匮乏，时间上相对宽裕。如何利用一些闲暇的时间，用一些花费不太高昂的手段，来做有效的自我提升，也是大家关注比较多的一个问题。

今天，给大家推荐一些书籍、节目及网络资源，希望能对各位的自我完善有所增益。

【书籍类】

读书，是门槛最低的高贵之举。一个人最明智的自我投资，就是花费一定的时间成本去读世界上最一流的书籍。

古今中外的经典巨著浩如烟海，落实到人的自我提升这一块的话，今天先给大家推荐五本国内作者的书。一是避免因翻译水准不够而造成思想资源浪费，二是你我都生存于特定的文化环境内，先把国内的读通，也比较现实。

/ 1 / 《曾国藩家书》

有一副对联这样概括曾国藩的一生：立德立功立言三不朽，为师为将为相一完人。作为古往今来把人做到了一定境界的大师，曾老先生将一生的感悟与智慧都凝结进了这本书中。此书是曾文正先生的书信集，人情世故无所不谈，所涉内容极为广泛，堪称人生诸多课题的百科大全。

/ 2 / 《人生有何意义》

本书是胡适先生的散文集，所谈及的内容不仅囊括了生死命运，也收录了先生多篇名噪一时的高光作品。真心建议大家多去读一读胡适先生及其同时代思想家们的书籍文章，那个时期百家争鸣，思想解放，那个时代的作者往往又都学贯中西，文笔磅礴流畅，对思维的锤炼与眼界的拓宽都大有好处。

/ 3 / 《平凡的世界》+《白鹿原》+《活着》

关于文学作品，尤其是小说这一块，建议大家多读一读乡土文学与寻根文学。在这里为大家推荐三部的巨著可以说是本本经典。前两部不用多说了，茅盾文学奖上的皇冠明珠，余华的《活着》更是足以用震撼人心来形容。这类作品一个是文字功底扎实，字字都是掷地有声，绕梁三日，另一个是所阐述的价值观十分立得住，通读下来血脉贲张，顿感脚踏实地，吃饭都特别香。

/ 4 / 《我所理解的生活》

韩寒的文字酸爽泼辣，观点犀利独到，常能让你会心一笑。思想上可以说与许多大家既一脉相承又与时俱进，亮出的观点往往能让你拍案叫绝，直呼过瘾。与前期的作品相比，这本文章合集作于他而立之年，保持着其鲜明特色的同时又多了些成熟与老练，他比较善于跳出我们既有的观念来看待事物，对于我们突破刻板思维，建立独立人格来说是个首选。

/ 5 / 《蔡康永的说话之道》

考虑到许多年轻朋友因为不会好好说话而吃了许多哑巴亏，而蔡康永老师又是一位实务派人士，向大家推荐这本通俗易懂、简单实用的小书。这本书分为上下两本，行文流畅，夹叙夹议，附带许多现实生活中的小案例，很适合初入社会的你。如果说前边的书是内功心法的话，那这本书则会教你一些实战招数，内外兼修，不可偏废。

【节目类】

一档好的节目可以用多种丰富的形式来调动起你的感官，相比于读书，这样的方式更容易被大家吸收与接受。接下来为大家推荐几档制作精良有诚意的节目，多看看这些片子，对思想的增进也很有帮助。

/ 1 / 《鲁豫有约》

这档电视访谈节目已经做了很久了，相信对于很多读者朋友来说也是耳熟能详。同类比较好的访谈节目还有《杨澜访谈录》《非常道》等，看这些优秀的访谈节目主要是看两点：一是看受邀嘉宾的人生经验与体会，二是看主持人是如何引导话题，搭话回话的，这都蕴含着许多值得回味之处。

/ 2 / 《锵锵三人行》

这是一档由凤凰卫视制作出品的谈话类节目，曾被《新周刊》誉为十五年来中国最有价值的谈话类节目。每期节目中除招牌主持人窦文涛外，都会邀请两位学界或业界的大牛级人物做嘉宾，针对一些社会问题或时下热点各抒己见，畅所欲言。节目风趣幽默，金句频出，所给出的思想干货及价值判断更是保质保量，一定不会让你失望。

/ 3 / 《奇葩说》

已经连续三季取得井喷式成功的网络辩论节目《奇葩说》自然不需要我多做介绍了。这个节目最有价值的地方在于，它面对同样一个充满矛盾与争议的话题时，往往会从诸多你意想不到的思维方式去切入和解读，激变双方的奇葩辩手更是八仙过海，各有所长，常看这样的节目有利于大家养成思辨的好习惯，对面临的矛盾困惑能抱有一个更加立体多维的分析角度。

/ 4 / 《老梁故事汇》+《老梁观世界》

如果你想快速地拓展自己的知识面，那就去看梁宏达吧。老梁的系列节目可以说是又博又专，对每个话题都有深刻见解的同时，又能把诸多因素关联起来，让你对每个问题都能有个全景式的了解。最重要的是它们还都很接地气，能在讲道理的同时说人话，简直是太难得。每期节目都能带给你一定的思考与精神收获，这样的评论家在中国还真不是很多。

/ 5 / 《一千零一夜》

中国人民大学教授陈力丹先生曾在去年的人大硕博开学典礼上给大家推荐过这档节目。在五彩缤纷良莠不齐的网络节目里，这档节目可以说是内涵担当，深度担当，高水准又带着一些清新小文艺。主讲人梁文道先生每天会用20分钟左右的时间为大家详细讲解一部各领域的经典书籍，通俗易懂又生动有趣，他站在马路上侃侃而谈，哪怕只看一集都是一场精神上的洗礼。

【网络资源类】

互联网时代里，最重要的并不是你脑子里塞了多少知识，而是你通晓获得各种智力及思想资源的快捷路径。在这里为大家推荐五个比较好的网络资源，平时多运用它们，对于思维的打磨与视野的开拓都大有裨益。

/ 1 / 《槽边往事》

这是一个微信公众号，上面发布的文章不知道甩掉心灵鸡汤多少条街，只能用一个"好"字来形容。为了避免打广告的嫌疑，大家可以去百度一下它的地址。作为骨灰级网络写手，作者和菜头用其自身的宽泛的知识面与多年的从业经验，对人生与社会中存在的种种问题信手拈来，畅所欲言。你可能不赞同他的某个论断，但你不得不佩服他总能把道理说圆。

/ 2 / 《知乎》

这是一个真实的网络问答社区，堪称百度知道的开挂升级版。社区氛围友好又理性，连接各行各业的翘楚与精英。用户们分享着彼此的知识与经验，为我们源源不断地提供着高质量的信息与观点。各种问题各种答案，只有你想不到，没有你找不到，而且高光答疑都会被顶到前排，良心作答，诚意奉献。

/ 3 / 《TED演讲》

TED是Technology、Entertainment、Design(科技、娱乐、设计)的缩写，这个演讲大会的宗旨是"用思想的力量来改变世界"。但凡有机会来到TED大会现场作演讲的均有非同寻常的经历，他们要么是某一领域的佼佼者，要么是某一新兴领域的开创人，要么是做出了某些足以给社会带来改观的创举。TED演讲的特点是毫无繁杂冗长的专业讲座，观点响亮，开门见山，种类繁多，看法新颖，建议大家有时间多看一看。

/ 4 / 《网易公开课》

网易2010年推出"全球名校视频公开课项目"，首批1200集课程上线，其中有200多集配有中文字幕，现今已非常成熟。用户可以在线免费观看来自于哈佛大学等世界级名校的公开课课程，更有来自可汗学院、TED等教育性组织的精彩视频。公开课的内容涵盖人文、社会、艺术、科学、金融等领域，可以说，这是一所实力最硬的"互联网大学"。

/ 5 / 《逻辑思维自频道》

这是目前影响力极大的互联网知识社群，包括微信公众订阅号、知识类脱口秀视频及音频、会员体系、微商城、百度贴吧、微信群等具体互动形式。它的口号是"有种、有趣、有料",倡导独立、理性的思考,推崇自由主义与互联网思维,凝聚爱智求真、积极上进、自由阳光、人格健全的年轻人。每期节目所涉猎的内容都兼具广度与深度,通俗易懂又生动有趣,形式与内容俱佳,非常适合"80后""90后"的你。

结 语

今天为大家推荐了一些有关于自我提升的有效路径,希望你们喜欢。

有读者曾问我,自我提升的关键是什么?是读了多少书?走了多少路?见过多少人?看过多少电影?窃以为,都不是。一个人,能否真正做到自我提升,能否让自己的脑子和精神永葆生命力,关键还是看他有没有一颗足够"敏感"的心。

如果你具备一种海绵般的学习渴望,你好奇的触角会自动地伸向四面八方。学点东西补充自我,不用上刀山不必下火海。一花一世界,一叶一菩提,万事万物皆可为益友良师,只要你善于发现,再稍稍用点心,就可以。

八、这八条经验，送给初入社会的你

早上收到这样一条私信："韩大爷，能不能给我们刚刚步入社会的孩子提些建议？父母不在身边，感觉自己就像一只无头苍蝇……"

考虑到这位读者朋友提的问题比较有普遍性，也是很多年轻读者已经面临或终将会面临的一大困惑，所以单拿出一篇文章来跟大家聊聊。

接下来，送给大家步入社会后应注意的一些建议，希望能对你们有所启发或帮助。

/ 1 / 注意言行，别抖小机灵

对于刚刚步入社会与职场的年轻人来讲，没有什么比管住嘴更实际的了。

然而病从口入、祸从口出的警世箴言劝了八百多遍，也总有桀骜不驯者试图博一搏，最后轻者碰一鼻子灰，重者得罪不少人，埋下不少坎，甚至"一步到位"，亲手埋葬前程。

最近《寒战2》如火如荼，在这里跟大家分享一段《寒战1》中李文彬的经典台词，很值得玩味，堪称金句：

每一个机构、每一个部门、每一个岗位都有自己的游戏规则。

不管是明是暗，第一步先学会它。不过好多人还没有走到这一步就已经死了，知道为何？自以为是。

第二步，就是在这个游戏里面把线头找出来，学会如何不去犯规，懂得如何在线球里面玩，这样才能勉强保持性命。

/ 2 / 平视人际，别过分沉迷

人生有两大悲剧：一是万念俱灰，二是踌躇满志。刚刚步入社会的年轻人同样存在两大悲剧：一是呆若木鸡，二是自作聪明。

这里所讲的自作聪明，主要是指过分地醉心于所谓的"人际关系"。

如果把做工作比喻成开车，那么人际关系这个问题就相当于沿途的风景。周边的景色曼妙、环境宜人，固然能助力你把车开好，得到身心享受。

但要知道，这些东西都是随着你车的不断前进自然而然路过你身边，穿越你的视线的。

如果过分沉迷于景色，轻易被这种副产品主导了你的方向，就很容易本末倒置，分散掉你的主要精力。

而且，更为复杂的是，在职场中，乱站队，瞎套近乎，是比木讷呆板更讨人厌，也是更可怕的举动。

/3/ 舍得花钱，多投资自己

刚刚走出校园，步入社会的青年朋友们，经济状况都不是太好，第一份工作的前期收入也比较低，这是个正常的现象。

然而，即使是这样，也要请大家算好账，该舍得花钱的地方千万不要吝啬，而且要把钱花在刀刃上。

首先需要投资的地方就是你的着装与形象。不要觉得这仅仅是形式上的东西，不要轻视形式，很大程度上讲，形式即内容。

无论与你的客户、上司、同事，抑或是和新朋友打交道，大家都很难一眼洞穿你内在有多么光鲜不凡，往往对你的第一印象都比较主观。这时，说白了，还真就是看你的穿着打扮。

再一个需要投资的地方就是你的脑子。没事的时候多利用一些网络资源多接触信息，多接触些新东西。吃饭的时候省一口，别人也看不见，省下的钱买几本书翻翻，别人就会发现你的谈吐不凡。

/ 4 / 目光长远，把成本降低

这里所指的成本，主要是时间成本。

从时间成本这个层面讲，我建议大家宁可多花点钱，也尽量住在离工作单位近一点的地方。

不要小看这一点，这真的是一步长远打算。

当前大小城市的交通都拥堵不堪，你为了每个月省点钱，选择住得离工作单位很远的地方，来回通勤每天就要两三个钟头。

有人说，这两三个钟头也可以听听外语、看看书。别闹了，醒醒吧，真到了那个节骨眼谁还看得进书啊，基本都是双目呆滞思想游离的状态。

反之，如果你选择一个步行十几分钟就能到达单位的地方会怎么样呢。你每个月要多花一笔钱是肯定的，但是，与此同时，你每天比别人多了两三个小时的黄金时间。

你每天利用这两三个小时，学一学业务，加一加班，甚至是做个兼职，都能把损失的投资给补回来，与此同时，你还充实了自己，在大家水平都差不多的环境里，你会日积月累起来一份显眼的竞争力。

即便你用这两三个钟头睡大觉，你每天的精神状态都要比同事们好很多，自己生活质量高不说，老板也会更加赏识你。

/ 5 / 保持清醒，别自暴自弃

很多人觉得当今大学的环境比较毁人，因为生活比较安逸，没那么多要求，全靠自觉。但你得知道，职场其实是比大学更容易毁人的地方。

刚开始步入职场，你作为新人，蛮有新鲜感，但过了一段时间后，有可能半年，有可能一年，真的会感到乏味和无聊。

任何工作等你业务熟练了之后，基本上都是机械的简单重复，哪怕是创造性的工作也是这样，写小说都有很多现成的母题。

这些情况很容易让我们变成温水里的青蛙，消磨掉我们的热情与进取的心。稳定的工资收入，单调的循环生活，能否跳出这个一眼望到底的怪圈，全看你自己。

在这里多说一句，尽量不要将你的爱好发展成你的主业，有需要的话可以补充为你的副业。为稻粱谋就是为稻粱谋，追求形而上就是追求形而上，你要能不纠结，要拎得清。

/ 6 / 苦中作乐，一切当经历

首先要给大家泼点冷水：不要把工作看得过于神圣，它只是个谋生的活计。

我们在大学课堂里对某项职业，某个领域的认知，真的是种理想化的状态，现实往往是大相径庭。但这并不是你垂头丧气的理由，你心里有个数，然后一点点地从当中寻找乐趣，取悦自己。

你可能专业与工作不对口，没关系，这会丰富你的人生体验。

你可能初始位置很低，没关系，这相当于为日后打底。

你可能会遭到质疑或批评，没关系，过滤掉闲言碎语，挑有用的听，学到手都是活，硬通货是你的本领。

你可能会接受一项自己不喜欢的任务，被派往一个不喜欢的地方，没关系，就当这一切是一份宝贵的经历，适应需要有个时间，何不随遇而安，走出心理舒适区，收获一个未曾发现的自己。

/7/ 敢于沟通，掌握全信息

也许是厚黑学把社会环境描绘得过于惨烈，导致现在很多年轻人一踏入社会就是猫着腰的姿态在行进，很多时候唯唯诺诺，话都不敢说。

诚然，我也在前文中告诫过你要管住嘴，少说话。

但要注意：说话的内容包含两种，一种叫观点，一种叫信息。观点你最好少表达，因为容易拿不准，但信息一定要敢问多搜集，嘴勤能问出金马驹。

在这里，尤其是领导啊上司啊什么的给你交代重要任务时，你一定要敢问，而且要会问，务必要把各项要求问明白、问准。

很多年轻人往往把犯错成本想得太高，觉得是不是我这么问领导会觉得我很笨啊，对我印象不好啊之类的。

多虑了。

时刻记得，领导也是人。而且，在职场里，功过十分不相抵，你做错事不要紧，没人会记得超过一个星期，但凡你完成了一个一般人没攻克的任务，犯过的错基本都算个屁。

企业是以盈利为第一目标的组织，你最好的免死金牌，不是躲在角落里，而是创造出价值与效益。

/8/ 心态放松，本质要看清

最后要告诫大家的一点是，面对社会，面对未来的不确定，不要惶恐和焦虑，只要抓住主要矛盾，把握好本质规律，一切都不成问题。

要记住，社会关系的本质是利益互换，包括物质上和精神上的利益。

这是从人类诞生之初就万古适用的硬道理。

所以，生存于这个庞大的社会系统当中，你要掌握的核心是什么？——把握"供需"。

如果你想收获什么，想得到什么，物质上的也好精神上的也罢，但凡有另一个生命个体参与进这个流程里，你的办法就很鲜明：看看对方缺什么，再看看自己有什么，掐准对方的需求再努力。

不要误会，我这里讲的可不是拉关系送礼，这是一种原则和理念，用这个理念去指导你的行动，就不会再做很多无用功，不光适用于事业，同样适用于情感关系。

在与人打交道时，不要在意对方具体说了什么，多想一下，他为什么要这么说？在与事情打交道时，不要急着考虑我想做什么，而要多想想，我应该做什么。

最后叮嘱大家一句：心态放松，建立强大自信，把握规律，理性分析问题。

结　语

今天跟大家聊了几点初入社会时应该注意的几个方面，希望能对你们有所帮助。

人的一生很长，道理摆在这，还需要不断地靠实践去打磨、去试错，才能最终被有效汲取。

而这个不断摔跟头与做总结的过程，也恰恰建构起了我们成长的意义。

✡

为你私人订制的烦恼药方

第四章

关于情感

一、别让敏感拖垮了你

/1/ 平凡的你，没那么多的假想敌

最近，经常有读者朋友给我发来简信，或抱怨，或吐槽："韩大爷，我在微信上找某好友聊天，她半天都没回复我，可我却发现她发了朋友圈，她是不是不拿我当朋友了？韩大爷，我女友最近对我总是爱答不理，总说自己心烦，她是不是喜欢上别人了？韩大爷，我也是一名小作者，连续投了五六篇稿子都没通过审核，你说审稿官是不是对我有意见？韩大爷，我爸妈对我总是颐指气使，跟他们商量个事情都没好语气，他们是不是嫌我没用了？韩大爷，我……"

我浏览着以上的信息，脑海中浮现出一个个对着风车作战的堂吉诃德。心想这些事情要是在同一时段发生在同一个人身上的话，那该多么令人绝望啊……但不得不承认，敏感如你我，还真的会不自觉地在生活中树立许多不存在的假想敌，但凡有些风吹草动，我们的应激反应就是草木皆兵，但长此以往，真的会累的。2011年娜塔莉•波特曼凭借电影《黑天鹅》奥斯卡封后，这部影片讲述的就是一位心思过于细腻的芭蕾舞演员的悲剧故事：她的生活原本一切太平，可她却敏感地发觉自己被困在了与另一位芭蕾舞者的竞争状态中。随着正式演出的日益临近，她的幻想与不

安也在一步步放大和加剧，最后整个人都不好了，坠入了无底的痛苦深渊……

我不想再让这种因为过于敏感而带来的痛苦蔓延到每个人的身上，于是当我遇到以上的提问，除非是真的有绕不开的具体难题，我都会先提醒读者朋友一下：

大家都有各自的小圈子和小世界，可能都有自己的难言之隐。很多时候并非是他们针对你，只是可能你有些玻璃心。平凡的你我活在这世上，不存在那么多的假想敌。

/ 2 / 平凡的世界，飘浮着无数干扰颗粒

你知道吗？很多时候，旁人表现出"不爱理你"甚至是"讨厌你"的反馈时，大多情况下并非他们真的讨厌你，而是有些身不由己。

我曾经在一篇文章中提到过一个观点，就是人的生理状况有时候决定着人的头脑与情绪。你是否有这样的体验：生活中那些脾气差，情绪起伏不定的人，往往健康状况都不太好，或者说，他们的身体处于亚健康的状态；而那些比较爱运动，新陈代谢状况很nice的人，往往活泼开朗，心里反倒没那么多破事儿。纵向比较也是这样，比如：你在一个氧气充足、生态宜人的环境下与恋人吵嘴，跟你在屋子里憋了一整天，皮肤干燥、头发分叉的情况下与恋人吵嘴，过程与结局都大相径庭。前种状态下你嘻嘻哈哈不当个事儿，后者状态下你可能狂躁不堪，甚至会动分手的念头。明白了这个道理可以让我们试着多方面理解他人，很多时候不是对方针对你或是人品差什么的，而是仅仅因为他的健康状况不佳，提不起兴致，就好比女同胞"大姨妈"光临时情绪起伏较大一样。

以上是一个人状态的纵向比较，如果横向来看，人与人之间性格与

处世方式的差异之大，足以让你我瞠目结舌，这也是我为什么一直强调要尊重多样性的原因。一位文化传播领域的老教授在为我们做培训时提供的一份调查报告，反映的是人性取向的多元选择，通过这份报告我们发现：仅仅是关于喜欢什么样的人作为伴侣这个看似非黑即白的问题，都能因为人的取向不同产生这么多的排列组合，人与人之间的差别之大由此可见一斑。所以我们常讲：理解万岁。

其实现实生活可以概括为一个主体是人，由周遭无数干扰因素捏合而成的庞大系统。在这个大系统中，人说什么样的话，给予你什么样的信息反馈，很大程度上都是由具体条件决定，而非真的发自本心。所以请你明白：朋友圈发着状态的朋友却没及时回复你，有可能是她一时疏忽或不方便聊天；你的女友心烦情绪差不是因为厌恶你，有可能是她刚刚与姐妹吵嘴或身体不舒服；你投递的稿子没有获得对方的赞许，不是对方刻意针对你，有可能是你写的文字暂时还没有符合对方的标准与读者的需求；你的爸爸妈妈对你的态度令你不满意，不是他们嫌弃你，有可能是关系这么近，他们没想过要跟你讲究礼仪，客客气气。很多猜疑，很多烦恼，其实都不在别人，恰恰是发自你敏感的神经，归结成四个字就是：仅此而已。

/ 3 / 他人不是地狱，仅仅是他人而已

这是一个社交空前发达、人又空前孤独的时代，我们常说每个人都是一座孤岛，我们向往着跨越千山万水的理解与拥抱。然而，不得不承认的是，我们对他人所投射的期望值太高了，我们总是渴望从别人那里得到认可与解脱，我们抗拒独处，我们倡导着隐私权却又以各种形式在社交媒体上暴露着自己的隐私，我们希望，有很多人可以看着我们、理解着我们。我们加入越来越多的群，却忘记了人是论"个"的。而当他人给予我

们的回馈无法满足我们旺盛的期待时，我们常常会搬出萨特的那句名言来抱怨：他人即地狱。然而，这段话有其特殊的学术语境，可以说到目前为止也没有几个人能揣摩出大师本人的原意，但绝非是指"你是好人，别人都是坏蛋"。在这里，我们不妨把他人还给他们自己，并悄悄跟自己说一句，他们，仅仅是他们而已。对此，传播学中有个经典的人际交流模式，叫作"赖利夫妇模式"，传播学者赖利夫妇通过调查研究发现：看似简单的双人对话，其实伴随着传授双方的个人经验、家庭背景、受教育状况、文化氛围，乃至宏观的社会环境等多重因素，所以说，面对着你，与你交流的每个人，都可以说是完全独立于你之外的个体，人与人之间的差异可不单单局限于姓名。他人，真的是他人，而你，也仅仅是你自己。我们不要再理想化地索求着他人的宽慰与理解，这个世界不可能有那么多人懂你，我们要学会自己懂自己。

/ 4 / 任何一艘小船都不会突然沉底

让我们敏感而脆弱的一个很重要的原因，就是我们缺乏足够的心理安全感，这份不安与无措往往是我们产生玻璃心的最大诱因。最近网上流传着"某某的小船说翻就翻了"的段子，我们姑且听之一笑。你要知道，在现实生活中，人与人之间的情感关系并没有想象的那么分崩离析，不堪一击。爸爸妈妈不会因为你的出言不逊而改变对你渗入骨髓的爱与牵挂；身边的伴侣也不会因为你某件事情做得不好而另觅新欢，举棋不定；真正的朋友更不会因为一条信息没有得到及时回复而对你的人品产生质疑；陌生的路人也不会因为你的某件囧事而在笑容中传达讥讽的恶意。地球蛮安全，没有任何一艘小船会说沉底就沉底。

最后，我给大家推荐一本书，这是日本著名作家渡边淳一先生写的，叫《钝感力》。

擅长情感题材的渡边淳一先生在这本书中并没有局限于男女两性，而是告诫深陷都市泥潭的我们在生活中不要太过敏感以及如何"脱敏"。所谓钝感力指的是一种"迟钝"的能力，不得不说这种看似有点傻的"能力"在当今社会中真的是必需的。我看过一篇文章，题目好像是《要和睡眠好的人谈恋爱》，大致意思是一个人的睡眠好恰恰反映出其心胸开阔，脑子里装的事情少，而在恋爱中的他们虽然会看似呆滞木讷，却自我安全感十足，一句话说白了就是不作死、不矫情。这恰恰呼应了《钝感力》的核心主旨：我们有时活得过于敏感，这无论对我们的爱情、友情还是亲情、事业都是极为不利的，尤其是对你自己。

结 语

今天因与读者朋友们的互动有感而发，希望屏幕前的你读过这篇文章后能坦然地排除掉脑海中的假想敌，看清生活中繁杂的干扰因素，理解他人的身不由己，在内心搭建起最坚实的安全感，放心地把别人还给别人，把自己交给自己。

二、关于爱情，你有必要知道这几件事

　　爱情是个永恒的话题。你随便拿出一张ＣＤ，十首歌有九首是对爱情的吟唱咏叹，你随便打开一部电影，一百部里有八十部跟爱情紧密相关，你随时点开某阅读网站，一千篇文章有九百篇是在写爱情里的苦辣酸甜。

　　爱情又是个永恒的难题。经常观察生活你会发现，关于爱情的讨论甚嚣尘上，貌似怎么说都有理；一个人即便在其他方面牛得快要飞起，他也未必能把感情这事搞定；一群长者老禅师即使是穷尽了世间所有真理，面对爱情，他顶多也只能送你一句：一切随心。

　　今天跟大家聊一聊关于爱情，我们有必要知道的几件小事，希望对你能够有所增益。

/1/ 不要把一些可替代的东西误解为真情

在两性相处时，男人容易冲动，女人容易感动。两个人过了太久的单身生活，觉得挺没意思的，孤单又寂寞，恰好出现了个看着还可以的异性，就没想太多，义无反顾地坠入爱河。

然而，其他的东西都可以将就，唯独爱情不可以。你头脑一热时觉得差不多，平静下来，日久天长的相处会让你发觉天地之隔。

你们可能成长环境不同，你们可能性格深处有许多差错，你们可能没有共同语言、共同追求，最要命的是，三观不合。

你以为现在都自由恋爱了，先这么处着，不合适还可以分，但仔细想想，真的有那么容易吗？

两个人在一起久了，即便发现不合适，悔不当初，谁也做不到说放就放，毕竟爱情没了，感情基础还在，于是，你通常会为了这份无法牵强归结为爱情的感情耗着、磨着、纠结着。对你来说是种包袱，对他人来说也是辜负。

所以，第一件要知道的事：不要盲目地对爱情抱有狂热，想清楚再迈出那神圣的一步，不要试图用一段稳定的关系来填补你个人的空虚，那对谁来说都是不负责。要想收获真正对的人，先要塑造一个完整的自我与人格，太急没用，请抱着宁缺毋滥的原则。

/2/ 不要仗着爱而为所欲为

曾看到过这样一个段子：一个男人嫌一个女人太笨太傻，什么事都做不好全要依赖他，决定要跟她分手。女人怎么解释怎么挽回都不管用，无奈之下只好答应分开，在临走前，女人掷地有声地说道："老娘是因为爱你，才在你面前装傻子，老娘不是不聪明，不爱你了，老娘比你妈都精。"

话糙理不糙，这确实是很容易被许多男同胞忽视掉的一个问题，很多时候你的另一半可能在你面前展现出幼稚、脆弱，甚至是傻里傻气的一面，但这恰恰是因为她爱你，对你卸掉了所有的铠甲与防备，如果你仗着这份最质朴的爱而反过来指责她，甚至是嫌弃她，无疑对她的伤害双倍加大。

千万别认为女人傻，从生理学的角度上讲，女人进化的确实比男人完善，综合来看男性跟女性压根儿就不在一个数量级上。

当然，在这里我们只站在女性角度指摘男性的话，还是不太客观中立。

同样也要提醒女性朋友一点：在爱情中不要仗着爱而为所欲为，不要滥用手中的"被爱权利"。

曾经有个女孩哭着找我抱怨，说她男朋友明明承诺过无论如何都爱她一辈子的，怎么自己才让他受了一年的气，他就决然离开，再也不理她了……

我当时只回复给这个姑娘一句话：承诺不可信，如果非说可信的话，那也有个前提：你还是当初听承诺时候的你。

我们经常会拿着"只要你爱我，什么都不应该是问题"这种话来绑架另一半，但这句话本身就值得考量，爱可不是大风刮来的东西，谁都不傻，只懂得一味索取，不停给对方施加伤害，还要求对方永远把你当成唯一？不，爱你时，你是唯一，不爱你了，你只是人群中的分母而已。

另外还要多说一句：我们常常会渴望从另一半那里获得安全感，抑或是一份至死不渝的保证，但要清楚，安全感这东西不是外来的，是双向产生的。

经常作死的人，连谈安全感的资格都没有，谁让你不懂得珍惜。

/ 3 / 争取物质独立，注重精神契合

在恋爱中，我十分支持且提倡男女双方都要有各自稳定的工作，独立的事业，养得起自己的收入，外加一点小小的人生目标或追求。

女孩子有一份独立的事业与稳定的收入，不仅能防患于未然，避免他提裤子变身渣男时你一无所有，更能体现出你的价值，增强你的存在感。

从现实角度讲，如果一个男人足够努力，同时养活两个人绝对有可能。但这并不是一个简单的数量关系，而是一个重要的政治命题。

当一个男人掌握了全部的财富来源，他会更加对一段感情患得患失，变得偏执而敏感。此时在他们的脑海里，经常会飘过一丝闪念："老子一天容易么，你居然……"所以，从各个层面上看，女孩子有份独立的工作是必需的。

而对于男孩子来说呢，就更是这样。有句话说得好：要么给我钱，要么给我爱，要么给我滚。

男性有份不错的收入，不仅对两人的感情来讲是坚实的基础与保障，更是你责任心与重视程度的体现。

别再抱着仇富的幼稚想法了，更别动不动就说女孩子物质，梦想总得照进现实，毕竟你们还要过日子。

另外，男性经济实力衰弱，都不用等女方嫌弃你，在当前中国的社会环境下，你自己心态就先失衡了。你会开始顾虑、猜疑，不要把自己思想想得多么开放，这是人人都会面临的问题。

物质上独立了，只是一个好的基础，真正想让这份感情走得更远，还需要双方精神上的足够契合。

共同语言太重要了，虽说不指望你们每天啥也不干就眼对眼聊闲天

吧，但你得知道，审美是会疲劳的，物质是可以积累的，这些都是时间问题，唯独三观这东西，很难轻易改变。

三观不同，真的很难强融，倒不是说哪天对方会因为这个不爱你，而是一件事你认为是错的，但在他眼里这可能完全就是对的，如果涉及原则问题，可就是个大麻烦了。

一个人的孤独固然很可怕，但两个人在一起的孤独才是最可怕。

/ 4 / 最好的恋爱状态是不累

开门见山，这里的不累主要指两个方面：一个是别让你的爱人感到太累，另一个是别让自己太累。

首先，在爱情当中，请你多点真诚，多点直率，少用技巧，少耍小聪明。

一些情侣追求刺激和新鲜感，经常会弄一些欲擒故纵，若即若离，甚至是左右逢源的伎俩，考验对方的承受力，试探对方到底有多爱你，偶尔为之无伤大雅，长此以往，必成大患啊。

爱情就像一桌丰盛的宴席，偶尔来碟咸菜换换口味也不错，但要是经常摆咸菜，好吃吗？

爱情更不是拍戏，电影为了追求观赏性，免不了要加一些百折千回的桥段去吸引你，但在现实中，真的是平平淡淡才是真。

两个人坦诚相见，直话直说，互诉衷肠，加强沟通，大巧不工，这才是最好的经营手段。

此外，从别让自己太累的角度上讲，建议大家不要爱得太满，给感情留点闪转腾挪的空间，更别将情感状态过度曝光，恨不得让全世界都看见。

偏激一点说，爱情真的是一种"见光死"的东西。不要过度秀恩爱，不要让家人、朋友们插入你私人的感情生活中来，更不要动不动就询问他人的意见，这对你们的感情注定是种无形的伤害。

爱情是个当局者迷、旁观者更迷的东西。没有人比你自己更知道你情感方面的切实感受与真实需要。

自己拿不准，盲目地去追问，很多人都会不懂装懂，给你开一些老偏方，你以为是金玉良言一饮而尽，再转过头来看对方时肚子里已经多了很多弯弯绕，时间一长，你自己就把自己给拖垮了。

/5/ 分手不是噩梦，不要过于神化爱情

最后关于爱情要说的一点，反而是劝大家不要把它看得太重。

见过很多情侣，在一起不久后基本上就过起了"古墓派"的生活，两耳不闻窗外事，一心只想对方。

爱得投入点并没有错，但千万不要因为有了爱人而舍弃掉亲人朋友甚至是工作。爱情是你人生的一部分，是非常重要的一部分，但再重要，也不是全部。

说句略显冷血的话：流水的伴侣，铁打的人生。

这一生，这一路，爱你的人跟你爱的人，现实点说，可能都不止一个。你觉得眼前这个与你情比金坚，誓要地久天长，但现实却是，你们在一起的时间，可能都没你跟你大学室友在一起的时间长……

我平时不光写文章，还在各种平台上与读者朋友们沟通，有时会解惑答疑。今天给大家透露个数据，在我每天收到的几百封读者私信中，关于失恋、分手、情感不和的内容占了将近百分之四十的比重。

所以说，人与人行走在世上，擦肩而过是再正常不过，而只有经历过许多好的坏的，你才能真正找到跟你严丝合缝、真正适合你的那一个。

韩寒有句话讲：从来没有意外，只是多些波折。

如果你与另一半因为一些"不可抗力"无奈分手，对方还不错，那你惋惜点很正常，但也别想太多，如果真的说在一起就能立马结婚生娃抱孙子，那缘分这东西就没存在的必要了。人生若无憾，那该多无聊啊，好好说声再见，道声珍重，毕竟日子还得过。

如果你与另一半因为格格不入选择分手，对方是个烂人，早已被你看破，那你惋惜都不该惋惜，我真心祝你分手快乐。别去想自己已经付出了太多太多，离开不合适的人对你来说是一种割肉止损，你再也不必做无用功，再也不会被无情消耗，对方给你的伤害恰好无形中帮你做了个排除法，让你头脑更加清醒，最终做出最适合自己的明智选择。

回首过往，那个常会让你歇斯底里的人教会你什么叫一念成魔，继续前行，那个在某个角落里等待你的人终会让你体会到平安喜乐。

结 语

今天跟大家聊了下关于爱情我们有必要知道的五件事，希望能给屏幕前的你带来一些帮助与收获。

关于这个永恒的命题，今天就说这么多。愿你找到属于自己的那一个，简单又快活。

三、好姑娘请别在恋爱中委曲求全

导语

　　我渐渐发现，恪守一份不值得的感情，守在一个错误选择的身边，尤其是对于姑娘们而言，无异于是对自己的糟践。

　　昨天深夜一位读者朋友来信说，她和男友相处四年多了，但她现在并不快乐。刚开始俩人相处得还好好的，天长日久，男友会不断提出新的要求，不断挑战她的原则和底线，她为了经营好这份珍贵的情感，也在不断反省、不断改变，然而男友仿佛变得越来越贪婪，他把自己所有的缺点都保留下来，逼着女友去迎合他，稍有不对，就甩出一句：咱们不合适，不行就散了吧。

　　姑娘很着急，觉得是不是自己不够了解男同胞，问我还应该从哪些方面改善一下自己。我听后怒火中烧，并没有第一时间回复，今天就站在男生的角度一并给姑娘们提一些中肯建议。

/1/ 擦亮双眼，择偶时主要看人格是否健全

很多姑娘在问我选男友的标准时，除了个人喜好这个不好拿捏的因素，我都会提醒她注意下对方的平均分高不高。注意！是平均分。生活中有许多优秀的异性，人，总是各有所长。但是要留心的是，一个人的精力是有限的，这就决定了任你再怎么厉害也无法同时完成多样事情。

从个人的成长角度讲，一个人某一方面异乎寻常的突出也就从侧面反映出他其他方面的短板与无能。不排除有大神级全能男神的存在，但平心而论你会遇到吗？所以说，我从不建议姑娘与某方面极其突出的男生恋爱，优质的另一半一定要符合木桶法则：不管优势项目多耀眼，储水量的多少取决于最短的那块板。

他的学霸气质吸引了你？他在篮球场上无人能敌？他一口气能说出三百多句我爱你？请小心，这样的他可能在处理感情问题上一张白纸，在过日子方面一无所知。仅凭一技之长足以支撑起他的事业，但未必搞得定感情。

/2/ 半糖主义，吃饭只吃八分饱，恋人不能爱太满

爱情虽不能说是一场你死我活的战争，但很多时候都是双方的拉锯与博弈。你有你的傲慢，他有他的偏见，两个人情绪拉扯，构成了平凡生活的波澜与羁绊，这本应是场势均力敌的较量，但却在现实中演化成了不同版本的周瑜打黄盖。原因只有一点：你的心太软。

姑娘你要知道，人之初，性本贱。这里的人，包括男人。如果你的兜

里揣着一颗糖，而他恰好爱吃甜。你一丁点不给他会不耐烦，你整颗塞他嘴里他会觉得腻得发厌，不管你愿不愿意承认，恋爱中的男人就是这么臭不要脸，尤其到了所谓的平淡期阶段。所以，最好的给予原则是，一人一半。

相对于男性的洒脱与果断，女性相比起来更加容易服软。在两性关系中，本身就处于弱势地位的你如果在第一次矛盾中轻易让出底线供他侵犯，以后再想扳回失地，难上加难。当你全身心地投入一段感情，你会发现人比想象的要贪婪。当你第一次对自己说：算了吧，他不道歉我道歉，等到第二次时他就会嫌你对不起说得好慢。月盈则亏，水满则溢，如果想让感情永葆新鲜，请别把你的爱意投入太满。

/ 3 / 经济独立是必需，起码要买得起柴米油盐

时代虽然不同，但处处仍弥漫着"大男子主义"的遗风。很多男人为了树立起一个光辉伟岸的形象，都会习惯性地甩出一句：别工作了，我养你啊。听了这话，你可以感动，可以泪奔，但千万别当真。从最基本的规律来说：物质基础决定上层建筑，在你获得平庸懒散半日闲的同时，你付出的代价是一份宝贵的话语权。

钱不是万能的，但一分钱不挣是万万不能的。女孩子有一份独立的事业与稳定的收入，不仅能防患于未然，避免他提裤子变身渣男时你一无所有，更能体现出你的价值，增强你的存在感。

从现实角度讲，如果一个男人足够努力，同时养活两个人绝对有可能。但这并不是一个简单的数量关系，而是一个重要的政治命题。当一个男人掌握了全部的财富来源，他会更加对一段感情患得患失，变得偏执而敏感。此时在他们的脑海里，经常会飘过一丝闪念："老子一天容易么，

你居然……"（省略处可自动造句）

所以，女孩应该保留住那份代表着尊严的一亩三分地，不紧不慢地踏实耕耘，不求你大富大贵时我花样靠近，但求你我一穷二白时我仍可用力抱紧。

/ 4 / 他只是不够爱你，交往中行胜于言

人是最会给自己的行为找到合理借口的动物，男人尤其如此。当你提议像当初一样出去看个电影聚个餐？他们会说商场打烊了。当你质疑他们原来脾气那么好怎么现在点火就着？他们会说是你的要求变强了。当你追问当初短信约你立刻，现在怎么电话都很难打通？他们会说业务太忙了。当你哭诉原来为我挥金如土怎么现在一毛不拔，他们会说是时候攒钱买房了。

傻孩子，醒醒吧，不是你们的爱情过于沉重让他支撑不起，而仅仅是因为他激情退去不再爱你。要知道，如果够爱，一切都不是问题；一旦厌烦，甜言蜜语都被当成臭屁。

在交往中，渣男们最擅长的就是甜言蜜语和花言巧语，即便是他们真的做错事，也会主动把责任推得一干二净。实践是检验真理的唯一标准，判断对方是否真的爱你要看行动而非语言。当一个人不断做出那样的事同时又不断强调自己不是那样的人的时候，请注意，他就是那样的人。当一个男人给你带来的泪水远多于欢笑却口口声声说自己痴心一片的时候，请注意，他就是标准渣男。真正爱你的人，丝毫舍不得在你的伤口上撒盐。

/ 5 / 保持自我，若不心安，宁可孤单

分手这件事对于男性来说，容易程度跟提前交卷没什么两样。但对女孩子来说，无异于一场灾难。这也就导致了男生可以任意提出任何无礼的要求，不管女生接受时有多么艰难。

但姑娘们，请你在关乎一辈子幸福的问题上保持一份勇敢，大胆拒绝任何传统思想的约束，现在是2016年。找到相守一生的灵魂伴侣是你的天赋人权，你丝毫不必把放弃感情的责任一人承担。衡量一份感情是否有意义，判断站在你对面的人是不是那个值得你付出这么多的理想另一半，唯一的标准就是：与过去比较你是过得更好还是混得更糟，你与他相处过得是否更加快乐与自然。

如果扪心自问后你的答案是否定的，那我劝你得之安然，失之坦然，若不心安，宁可孤单。对消耗自己的事物断舍离，莫愁前路无知己，对的人可以从黑龙江排到海南。

/ 6 / 好好生活，没什么能比自我提升带来更踏实的安全感

最后给姑娘们的一点建议就是：成为更好的自己，成为更好的自己，成为更好的自己，重要的事情说三遍。无论你们身处热恋，抑或是趋于平淡，都请别放弃对自我的提升与完善。感情里没有一劳永逸，世界上更没有免费的午餐。爱情这艘小船说翻就翻，在暴风雨来临前为自己定制好救生圈，才能在危机来临时潇洒作别，从容上岸。

命运是个坑爹的玩意儿，它有时让你在错的时间遇到对的人，有时又

让你在对的时间保持着单身，然而单身是你最好的增值期，无论何时都别忘了打理好自己，提升你的竞争力，把一个人的小日子过得精彩纷呈。

　　一个人吃饭，一个人逛街，一个人上课，一个人旅行，一个人看电影，一个人追韩剧，学会独处，享受孤独，才能变得强悍。渐渐地，你会发现，独处也可以优雅恬淡，孤独与寂寞并非紧密相关，更好的自己，自然会遇见更好的陪伴，总有一个人在世界的某个角落等着你，总有一团篝火在远方为你点燃。

结　语

　　昨晚联系我的那位读者朋友，这篇文章送给你。愿你今后能处之泰然，坚毅果敢。另，生活不易，女人，对自己好一点。

四、你心烦，只是因为你太闲

/ 1 / 找准根源，别让他人为你的情绪埋单

我的读者朋友们中，青少年居多。我也常常能听到类似的抱怨：

唉，感觉一天天的好没意思，心好烦。也说不清楚具体原因，就是莫名其妙地感到不安。明明每天也没什么事，可就是总觉得过不踏实，晚上还总失眠……

每当遇到这样的提问，我都会先试探性地问一嘴："你想没想过，有可能是你最近……太闲……"

万幸，长久以来，我收获的基本都是肯定答案。

在大学中，有句名言：如果你最近心烦意乱，坐立不安，手足无措，胸闷气短，有可能有两大诱因：一是你最近没读书，二是你最近没锻炼。

这句短小精悍的直白判断不知戳中了多少青葱少年们的心理痛点。翻译成人话就是：你烦，因为你太闲。

人是最向往安逸的动物，就连朝气蓬勃的年轻人，在择业的时候也在默默祈祷着一份"稳定感"。

然而生活总是这般调皮，你越是追求安逸，就越是无法稳定，越是向往安息，就越会脱离土地。

活得越久越发现：最让人心累的不是忙碌，而是虚度。

政治学中有条著名的"帕金森定律"，运用在时间管理上曾获得过如下结论：

"只要还有时间，工作就会不断扩展，直到用完所有的时间。"

这个结论很精准地抓到了人们拖延症缠身的根源。

拖延、求闲，不光让我们做事效率大大降低，更重要的是，它会让你用负罪感替代原本计划获得的安逸感。要知道，消磨时间是件很痛苦的事，一边没事找事干，一边在心里责骂自己：靠，浑蛋。

更更重要的是，长此以往，太闲，一定会导致你心烦，心烦时间长了，精神都跟着紊乱。自己紊乱不要紧，人可是社会性的动物，处处都要与其他的小伙伴们打交道，于是慢慢你会发现：先是太闲，接着心烦，然后看谁都不顺眼，一点小事也会爆发一场世界级别的大战，大战过后，你觉得人生荒诞，每个同胞都欠你六百块钱，最后……烦上加烦。

所以，请你看清问题的根源，自己的问题自己要处理好，不要把你的心烦归结到外在的因素；不要觉得自己正在处于多么委曲求全中，更不能让别人替你的烦躁情绪结账埋单。

/ 2 / 想要获得存在感，必须把握节奏感

最近恰逢五一小长假，而每个假期少年们都会遭遇一位搞不定的老妈。

每当家人久别重逢，欢聚一堂，刚开始几天，都会是温馨幸福的时光。但短短两天后……

"起床啦起床啦，怎么现在起这么晚？快点起来洗漱晨练吃

早饭！"

"哎，刚说完怎么又躺下啦？抱着手机有意思吗？出去走走玩一玩！"

"呀！让你玩你就发疯了玩，这都几点了怎么才回家？！"

"回来就睡啊？过来陪我们聊聊天！"

"算了，陪我追剧吧。咦，怎么这回回家没见你带书本？"

"今天打扫屋子了吗？学习了吗？工作怎么样啦？找着对象没呐？！"

于是，任何一段假期后，读者朋友们往往会用下面这幅照片来总结人生……

如果以为这世界上仅有家中老娘自带这种bug级的设定你naive了。活得越久你就越会发现：人真的不能过得太安逸，太安逸，就会出问题。

大学寝室向来是矛盾冲突的发祥地，一向以"团结"为口号的女寝208也未能幸免。有一阶段，四姐妹大毛病没有，小摩擦不断，互相看谁都不顺眼；然而神奇的是，毕业半年后的聚餐上，大家仿佛又亲如骨肉，无话不谈。

究其原因，大家不谋而合，深有同感：怪只怪，当时太闲。

是啊，很多问题归根结底都蛮简单：太闲。闲下来，无所事事，既然无事，小事也就成了大事。于是，自扰之。

中国有句古语："一家人，共患难容易，同富贵难。"

这条定律完全可以翻译为："不能太闲。"

如果你还是个小小少年，那请观察下自己的家庭与父母的情感状态，一切就会显而易见。

一般当家中遭遇大事，波折不断时，一家人往往会心甘情愿地拧成一股绳，风雨同舟，抱团取暖；然而当外部环境风平浪静，一切雨过天晴后，内部矛盾便会蠢蠢欲动，和睦的一家人再次开启争吵连连的单曲循环。

即便是居住在一起如胶似漆的小两口也会是这样，如果两个人都有各自空间，每天虽然忙忙碌碌却会更加珍惜在一起的时间；

然而但凡有一个人闲下来什么也不干，那个人往往会成为冲突发起点。俩人都闲在家会出现你侬我侬吗？会的，但只是眼前。天长日久，柴米油盐都会成为争论的焦点。

读到这里，你可能在会心一笑之际发出感叹：这尼玛不是吃饱了撑的么？

回答正确，加十分！

吃饱了，真的会撑。

不必把这个问题拔高到"人之初，性本贱"，月盈则亏，任何东西都不能来得太满，太满了就会溢出来，这是生活中不能承受的"安逸之轻"。

综合以上你会发现：无论是亲情友情还是爱情，要想亲睦和善，喜乐长安，置身于其中的我们，都不能太闲。要想获得存在感，必须把握节奏感。

/ 3 / 专注某个习惯，让自己每天精进一点点。

话说到这里，许多小朋友们就要举手提问了：老师老师，有大把碎片化空余时间的我们应该找点什么事干？

bingo——恭喜你，终于get到了重点。

韩大爷建议你，用大约两周左右的时间，培养一个小习惯，并且慢慢坚持下去，每天精进一点点。

网络上有许多培养某某习惯的鸡汤文，有的过于理想化，没有考虑到现实条件，有的被大家忽视，干货没有提纯。那我就为大家送上几条个人原创的诚意奉献，来自实战经验：

（1）每天写随笔一篇

注意，是随笔，不是日记。很多人都建议大家平时写日记，但是有bug：一来由于死板的教育模式为我们留下的心理阴影，我们一旦动笔写日记写着写着就成了流水账，每篇要求自己500字以上，谁都坚持不住；二来现如今私密化的东西越来越少，写日记写着写着总会想某一天给别人看，最后人格分裂，搞不清对自己说还是跟别人讲，一切都变了味道，别扭不堪。

我建议大家写随笔。既然是随笔，最大的原则就是随便。

可以写心灵感悟，可以写人情冷暖，可以写干货积累，可以写梅竹菊兰。写作不仅能让人沉静，更能让你文笔渐佳、思维凝练。如果把这些东西整理到一起，不仅是一份美好的回忆，放到简书上与大家分享一下，没准还能上个首页热门，最后进化成一名自由撰稿人。

（2）有时间多看看好片

我必须郑重声明：片，指的是正规影片，不是盗版光盘。韩大爷也曾是一名混迹于高等院校的大学僧，大学生活你我都懂，最不缺的就是时间。那就不妨找些经典的电影来看。

记得刚升入大学的时候，寝室室友中有爱好电影这方面的好基友，他从小到大阅片无数，已达心中无码的至高境界。长时间的耳濡目染，让我也成功下水，大学整四年到如今，我经常会搜索各大权威排行榜上的电影来看，评分由高到低，一部接一部看下来，收获的除了震撼，更有无数种多元的价值观。

一部好的电影，可以让你在短短两小时内收获平常一个月也无法触及的信息与观点，不仅让你吹牛时侃侃而谈，与boss们撕起来都更加方便。

（3）没事多逛逛奢侈品店

没钱不要紧，咱不买，只溜达。千万不要抵触这些资本主义的物质流毒，当今时代，处处炫耀，时时看品味。

将来的你将会邂逅更大的场面，指不定还能得到牛人们的接见。无论与谁打交道，第一印象太重要了。你上身阿迪达斯下身山寨耐克就想让别人对你刮目相看？人家凭什么要洞穿你邋遢如洪七公转世般的打扮，看到你布衣天子般的人性亮点？

尽情地逛店吧。看看现在的遮羞布都涨到了什么价位，闻闻罗曼妮康帝与山西老抽在味道上有什么不同点，总有一天这些看似无关紧要的东西你会用得上，人不怕没钱，就怕又穷又目光短浅。

除了以上这些，你还可以养个盆栽养只猫，学门外语练练长跑，不光有益身心，也是撩妹技巧。如果还是心烦，那有可能是内分泌失调，劳动是你最佳选择，要么动手，要么用脑。

最后，有一部好电影推荐给大家，叫《土拨鼠之日》。片中男主在某次出差过程中遭遇人生最坑爹的剧情设定：时间仿佛掉进了黑洞里，每天都变成了单曲循环：一天到晚见到的都是同样的人，做同样的事，连对你说的话都永远一样，轮回不断，神烦。后来，男主找到了过好这种单调生活的技巧，从此，他利用这个设定每天找机会学习各种技能，在平淡生活中寻找更好的自己。在逃离出那片荒原后，他蓦然发现：原本无聊的一切都已发生改变。

结　语

请你灭掉心中无名火，尽情把不再重来的每一天勇敢点燃。别让他人为你的烦躁不安埋单，找到一个感兴趣的小习惯，每天让自己进步一点点。时刻记住，你现在厌烦的每一天，都是你未来余生中最年轻的一天。

五、今日额外福利：手把手教你辨别几种"渣男"

导 语

　　我平时每天只写一篇文章，今天情况有点特殊。就在刚才，一位女性读者朋友留言说她遇到了一位渣男，刚刚分手，自己不光搭上了宝贵的第一次还耽误了整整五年的青春，说实话我有点hold不住了。所以今天除了中午发布的那篇文章，我再额外码几个字儿，全当用自己的微薄之力为促进女同胞自由独立，构建社会主义和谐社会做点小小的贡献。老规矩，咱想到哪就聊到哪，话不多说，高能预警，干货奉上：

渣男一："一本正经"型

您刚读到这可能就得大跌眼镜，怎么一本正经的都靠不住了吗？答案：完全正确。我平时不爱说太绝对的话，毕竟受马克思老爷爷教育这么多年了，多少知道点辩证法。但是！我可以用我的那什么担保：男人，不存在"正经"一说。我本身就是个男儿身，我说这话也不怕掉粉啥的，如果你认识个男的不久，他方方面面看起来几乎零死角无破绽，提及段子都羞羞，你心动了吗？宝贝儿！大爷提醒你，站那儿！别动！！

人，从生理学的角度讲，男人是绝对的下半身决定上半身的动物，从教育学的角度来看，中国的任何一个男娃子，年满十八周岁之前，肯定都已经通过各种渠道各种方式耳濡目染，深谙男女之事，你懂的！如果你认识的那个他，是个文文静静，不苟言笑，看似古板收敛，拿遍全世界三好学生的货。请，注，意，他是之中最危险且恶心的那种：闷骚型。此种男性还真不一定比西门庆靠得住，恰恰是因为他一直压抑着内心的情绪，又因外形或内在因素常年无人问津，没有经受过多少诱惑，反而容易给你来个闷声发大财。网上常说玩累了的男人才靠谱，有一定道理，而且，没玩过的男人，玩起来根本就不是人啊……

渣男二："二龙戏珠"型

看好，这里的"二龙"，指的不是两个男人，而是两个可怜的女人。这里的"珠"，说的才是那个男人。所以，你应该能推断出，我接下来要为大家介绍的，是已经有正式女朋友的渣渣。此种类型的渣男，可以分为以下两种。第一种是暗着来的，第二种是明着来的。

咱先说第一种暗着来的。如果不幸的你遇到一位觉得还不错的男性朋友，他在和你单独聊天或是冲一大桌子人聊天时，当某位善良的观众朋友举手提问他的情感状况，他要是这么回答的话："唉，我虽然有个女朋友，但我俩感情并不好，说实话，我已经不怎么爱她了，也是快分了。"宝贝儿！站那！！别动！！！请，注，意，此人是渣滓的概率高达百分之九十八点八！这叫钓鱼儿懂吗？情感体验不多的你如果着了他的道，上了这条船，下一个被他在桌面上讲的那个她，就会变成你！篇幅有限，我不多说，因为接下来这种，更危险。

"二龙戏珠"第二种：明着来的。我有一女同学，他有位前男友W，女同学对W方方面面都比较满意，唯一的一点就是觉得他有点开朗过头了。W很爱交朋友，并且显得情商很高和很懂礼貌，但经常让你感觉礼貌错了地方。怎么呢？W人长得还行，干干净净的一位男生，免不了周围有开放女性的搭讪，甚至有明着向他示好的。W是怎么处理与这些女性的关系的呢？要微信号吗？给！聊天不？聊！黄段子讲不？讲！说话有遮拦不？全无！对你有意思，请你吃饭唱歌带喝酒，去不去？去去去！牵狗去。我那女同学一次两次还行，W总这样女同学真的受不了，可又能说他什么呢？说他不检点约会？人家还没有。说他对别人动心了？W还一口一个："我要对别人有意思我干吗不去找别人啊，当然是爱你啊。"每当女同学体会不到安全感，换来的都是W轻蔑又敷衍的一句："你就是太小心眼了，要给对方自由的空间知道不？再说了，她们喜欢我，我又不知道，关我什么事儿啊，她们喜欢是她们的自由。"拉倒吧，你是傻子吗，亲？纵横情场这么多年别人看上你你不知道？甚至有的追求者就差表白了，W依然给人家留活口，他管这个叫情商……你可知道，我那女同学方方面面根本不比W差，招风能力绝不逊色，结果场景互换，当女同学身边有追求者时，W君又是骂又是打，搞得她四处是伤疤。结果W和某个追求者在一起了，他们，不行了我说不下去了，再说我就气死了，咱接着聊下一类型。

渣男三："三心二意"型

真诚地希望我这个平庸的题目别让您轻视了第三种渣男的危害啊……你知道吗？在我们广大的男同胞群体中，存在着这样的一群"没种"的男人。我不是指生理缺陷哈。怎么个渣法呢？是这样，此类渣渣的勾搭原则是：多打鱼，广撒网，多个选拔，挨个重点培养啊！你以为他撩你几下就爱你了？逢年过节发个短信问候一下就想着你了？呵，呵，哒。你把人家的习惯看成了对你的眷恋了亲啊……你知道吗，他和你聊微信的时候，手机窗口里起码有大于等于三个妹子在与他互撩，他没事跟你打个招呼的时候，恰好是今天轮了一圈"收成"不好拿你解个馋。你俩要都是单身的话，请自觉观察半年左右，保住那有效且珍贵的矜持，半年之后你再看！门可罗雀啊。

另外，如果你已经有了位男朋友，此类渣渣又是隔三岔五地撩撩你，请，注，意，情况是不是这样的呀？他对你貌似有好感，还不明说，没事儿跟你聊些擦边球的话吧，被人发现了他还立马见好就收，你男友进一步呢，他就退一步，退一步呢，他就进一步。尤其你们小两口闹矛盾相互不理对方的时候，你会奇妙地发现，此时他的出勤率是极高的呢。而且温和有理性，满嘴知性体贴的话语还善解人意，但当你觉得他有点过头了的时候，他会立马划清界限说："唉，你怎么可以这么想，我只是安慰你，你居然……唉。" 此时我脑子里跑过了一万只岳不群。抑或是，你和男友和好了，他会满嘴怪味儿酸溜溜地发一些状态给你看："看来我们还是不可能啊……（他也不说跟谁不可能） 看来我们只能走到这儿了啊（废屁，要不还特么跑着去啊）……"但凡你上钩了，和他在一起，都不用一年，半年之后，他的状态就真的是为你发的了："看来我们还是不合适啊……（一试一个准儿）……"

渣男四：我这样的

哈哈哈哈，剧情反转！interesting……真的以为博主这样的就是好人了吗？Naive！女同志们，千万别被满嘴大道理的男人欺骗！他们口吐莲花仿佛什么都懂，但说跟做，绝，对，是，两，码，事！而且这种人，没个半年试用期，你根本都看不出来啊！隐藏之深，心机之重，不知比你高到哪里去咯！所以切记，谨慎小心啊。男人都是一路货色，没到手的是"亮晶晶"，玩腻了之后你就是他的"扫把星"。所以宁可相信世上有鬼，也别相信男人的破嘴，是绝对的真理。我把自己黑成这样就为了给你们提供参考，也是蛮拼。

结 语

今天由于临时情况，有感而发，所以不占用我微博数量，算白送给大家的，质量上大家就别苛求了哈，以后的文章仍会是只有更好没有最好。今天由于被读者朋友的遭遇气到了，所以说话有些极端，大家也不要一朝被蛇咬，十年怕井绳。该怎么样还怎么样，留个心眼就成了。另外劝那些被伤害，被踢的姑娘们千万不要就此沉沦，韩大爷正式恭喜你们告别渣渣，奔向新幸福。有些人的离开，是上帝帮你排除错误答案，多经历几次，排除多了，最nice的那个就是你的啦。excellent！不早了，今天就说到这儿，大伙要是喜欢看，以后就多跟大家聊聊，日子长着呢。

六、我用五分钟带她走出失恋的阴霾

当我在咖啡店遇到子晴时，她已经哭成了泪人。后来通过对话我才知道，她失去的不是只恋情，而是一段本属于自己的人生。但我有预感：短短五分钟后，一切都将变得不一样。

"出什么事了吗？"

"我和他彻底分了，这回完全没可能了……"

"噢，没事，分手，很正常，大家谈恋爱哪有不分手的，分分合合的，都是常事，看开点。"

"可是……可是我不甘心，我付出了那么多，却没能得到他，你不知道我多么想拥有他。"

"子晴，你想过没有，这世界上的东西，本身咱们就谈不上得到或失去的，怎么才算得到啊？入我眼，即我有。再者说，你想拥有他？这挺好的，只是，你能拥有他的什么呢？拥有他的疤痕？拥有他的疾病？拥有他的回忆？貌似都不能……所以，你既然没有拥有过，就谈不上失去啊！"

"错，我失去了，失去了他的爱。他原来是那么爱我，可你知道么，在最后吵架的时候，他说我在他眼里什么都不是，还说我矫情，事多，没女人味，人品差，总之，特别让人讨厌……"

"你糊涂啊，镜子脏了的时候，你会误以为自己脸脏吗？不会。

那为什么人家随口说出一些糟糕的话的时候，你非要觉得糟糕的是自己呢？你很好，只是他不懂得珍惜。"

"可我还是难受，我虽然知道他不懂珍惜，自己也没那么的喜欢他了，但一想起他以后不在我身边，却要去陪其他的女孩了，我就受不了了，我没法接受他和其他人在一起，你说，我是不是还放不下他啊？"

"不不不，你只是在意你自己。王尔德曾经说过：很多东西如果不是怕别人捡去，我们一定会扔掉。所以你爱的不是这个耗尽你心血的人，你只是执着于自己的付出没有得到在你看来等价的回报。但妈妈从小就告诉我们，玩腻了的玩具送给其他可怜的小朋友，所以，尽管任他去吧。"

"任他去？他倒是走了，一了百了，可我呢？我为了他，背弃了家人，放弃了工作，把自己的一切都给了他，你知道吗？我现在相当于一无所有，我感觉我整个人生都完蛋了……"

"嗯，我同意你的想法，真的。我承认你现在的日子绝对糟糕透顶，估计明天、后天、大后天，也会这样子。但这样又怎样呢？那就让它这样呗，反正就是遇到了糟糕的几天，又不是遇到了糟糕的一生。而且，你信不信，如果再过几年你回头看现在的自己，你肯定想对自己说："没你想的那么糟糕。"

"可他终究剥夺了我，我恨他。"

"但他也同样给予了你一些东西，不是吗？他给过你甜蜜期的爱情体验，也给了你平淡期时的温馨陪伴，即便是在厌倦期，你也收获了一份如何处理两人关系的实战经验。即便这些都没有，即便他是个纯渣渣，那你干吗还要拿别人的错误来惩罚自己呢？你知道么，恨一个人其实挺累的，你得每天提醒自己想他，记着他，偶尔回想起他的好也要强迫自己手动删除，用怨念碾轧过去。如果你能在抱怨一件事情的同时也稍稍感激一件事情，日子会好过一点。"

"我就是想不明白，为什么别人能得到的东西我却怎么也得不到？看到身边的姐妹们每天与自己的另一半你侬我侬，即便是偶尔吵架都带着幸福的味道；别人的男友对女朋友呵护备至，他们的女朋友天天都过得那么开心，我多想把自己的一生托付给那样的男人。"

"不，子晴，你可以对自己的生活有期许，但最好不要与别人家的生活作对比。别人家的表象，那都是展示的橱窗，而造出橱窗里那些看似精美的玩意儿背后付出了多大代价，咱们外人看不到。关起门来，万家灯火，冷暖自知啊。没有人可以一直幸福快乐，不喜不忧才是你我的常态。谁要是24小时都面带微笑，不是有病就是硬撑。另外，为什么要把自己好好的一生"托付"给别人呢？人家自己也有一生啊……你把自己的一辈子寄希望于另一个躯壳身上，你是爱他呢还是懒呢？"

"我只是想找个能陪伴我的人，分享我的快乐，承担我的孤独，懂我的人生，对，懂我就好……"

"天啊……子晴你信不信，你抱着这样的想法再投入到下一段感情，结果会比现在还要惨。真正适合恋爱的时机，是在心灵稳固之时，不是在寂寞难耐之时。而所谓的懂你的人，几乎不存在，能够完全理解你的一切，也是几乎没可能。我们每个人都有自己的一二三四，想试图让别人跳出自己的观念和他对他那片小小世界的认知去懂你，理解你，太理想化了。与其把筹码压在对方身上，不如学会照顾你自己，自己懂自己。"

"那这样的我遇到了真正心爱的人，是该坚持保持自我，还是该为了他而改变性格呢？"

"哈哈哈，这得问你自己什么意愿了。不过我得提醒你，你知道你的自我是什么吗？换句话说，哪来那么多自我啊，原则啊什么的？你想想，现在的你跟六岁的你对世界的看法，做事的方法，还都一样吗？世界在转，人在变。没有人告诉你变化有什么罪恶嘛，干吗执着于变或不变呢？你喜欢他，并在自己身上做出一些变化，其实也不全是为了他，也是为自己嘛！再者说，谁说做出改变，全身心投入，不是真爱的最好方式呢？我不给你任何该变还是不该变的建议，只要你能保证真的爱他，并有自己的想法，剩下的一切，都看你心情。"

"那对前任，我还……"

"感谢不是你，陪我到最后。"

"那对于现在的生活，我该……"

"好好活呗。"

"可我真的已经不知道自己想要什么了……"

"嗨，我知道。你想要做万人迷，你想要个小宠物，你想要成为大富翁，你想呼风唤雨好吃懒做，你想想干什么就干什么，全世界都是你的，对吧？"

"哈哈，被你说中了！"

"没什么，大家都这么想。但现实又总是如此人艰不拆，不妨坦然接受好了。接受乏味的生活与有限的选择，虽然很扫兴，但这是个极好的开始，这样你就不会再躲进梦境里自暴自弃了。一切既然就是这样，那就承认它，然后在自己可控的小小天地间，仔细雕琢，慢慢耕耘，一点点发现生活的乐趣。其实，也蛮好，我们应该感到幸福的原因，不是自己能做什么，而是自己可以不用做什么。怀着一颗感恩的心，好好过日子吧。"

"这样有点糊涂……"

"不精确是所有伟大事物的共同特点，埃德蒙·伯克说的。难得糊涂，我二舅说的。先做到糊涂才能慢慢清楚，我说的。"

"有个标准没啊？最后只求个标准。"

"有啊，很简单，跟喜欢的一切在一起，尽最大努力去尝试各种，不给人生留下分毫的遗憾。"

"啊……我有点想通了，谢谢你啊！"

"不客气，帮你写下来，整理成稿子，这样你以后想不通时还能再看看。我还有事，先走了。"

"嗯，麻烦你了，再见。"

"再见。"

我走出咖啡馆，看了眼手表，比预计时间超出几分钟，无所谓了。

我不是心理医生，只是也曾在深夜里痛哭。

七、一个人，并没有什么了不起

/1/ 爱情这东西，后会无期

前天写的文章《好姑娘请别在恋爱中委曲求全》于昨天下午被推送到简书首页热门。本是一篇劝告大家遭遇渣男时当断则断，勇于和烂人说再见的爱情宣言，没承想，一石激起千层浪。

评论区里读者朋友们的发言大体分为两派，一派花式吐槽自己的男友，这可以理解，谁都在花样年华里遭遇过人渣；但另一派的呼声出乎我的预料：老娘为什么还是单身？

我从没觉得单身有什么不好，这绝不是站着说话不腰疼，我讲真。从理想角度讲，王国维先生曾提出过治学必经的三重境界，要我看来这三重境界同样适用于人生。这第一重便是：昨夜西风凋碧树，独上西楼，望尽天涯路。而从现实的角度看，单身阶段可以说是一个人最好的成长期与增值期，无论是物质上的积累还是精神上的充电，这段难得的独处时光都能让你的身体与灵魂变得更加饱满。

更关键的是：爱情这东西，真的可以说是后会无期。

先别急着抱怨："哎哟，老娘难道要孤独终老？"

后会无期这一成语中，期，指的是时间。所谓后会无期，指的是以后何时相会还没有个确切的日期。

爱情真的是个可遇而不可求的东西，如果把要求拔高到真爱，就更是难寻难觅。

至尊宝绝对想不到遇到紫霞前会先邂逅白晶晶；黄飞鸿练了一辈子佛山无影脚也没想过能勾上十三姨；杨少侠提着一只残臂悠荡了十六年才发现小龙女在绝情谷底；杰克先是没想到爱情的泰坦尼克说翻就翻，长眠深海的自己更不会料到数年之后两鬓斑白的露丝喃喃自语道："其实我一直在等你。"

他曾经在洗手间阴阳怪气地问正在收拾屋子的她："欸，你说，这要是放在三年前，你能想到你的另一半会是我吗？"

她沉默片刻，回道："老娘打死也想不到择偶标准会堕落到这么低。"

然而，偏偏有那么一种被称为"缘分"的东西，让两个八竿子都打不着的踽踽独行者，在某个转角相遇。

要说这世界上最不确定的东西，就数感情了，它不来时你叫天天不应，叫地地不灵；然而缘分一来挡都挡不住，犹如滔滔江水，连绵不绝，一发而不可收。

所以说，当你是单身时，不妨看看沿路的风景，打点好自己的身心，并且，耐心等，别着急。想要邂逅最对路的ta，请先锤炼出最完整的你。

/ 2 / 最长久的陪伴，源于你自己

强子跟我描述起他失恋时的"景观"时，悲壮得自己都怕。

"她是下午跟我提出分手的，晚上我一个人对着空座位喝了十多瓶啤酒。跟跟跄跄几乎是爬到我们第一次开房的旅馆，入住了当初的房间。一个人，三包烟，整整一晚上，失眠，合不上眼。"

"看你们相处得挺好的，怎么说分就分了呢？"

"嗨，那都仅仅是看起来。我在分手的刹那才真正理解了这世界上果然存在不合适一说。都说单身的人孤独，可他们不知道的是，每天守着一个错误的选择，话都说不到一块去，大眼瞪小眼，那才是真正的孤独。"

"既然不合适，当初怎么选择在一起的呢？"

"……不知道。可能……一时冲动吧，一时冲动。"

我知道强子说不清楚了，这事搁在谁那都说不清楚。

感情不光来时不确定，走时不确定，即便当时的自己是怎么选择踏入这条河流的，也是谁都说不清。但有一点，我从强子的话中琢磨出来，那就是：最靠谱的陪伴，还得是自己。

"我那天晚上难受得不行，心理上的难受竟然都能转移到生理上了，心疼，是真的疼，胸口发闷，仿佛全身的血都在倒着流，想蜷缩成一团又想把自己撕开。估计每个失恋的人都有过这种感觉。

更悲催的是：我是真的一个分担痛苦的人都没有。一个都没有。我打开微信通讯录，从头翻到尾，想到大家都有自己的酸甜苦辣，谁有空理我的雪月风花呢？我查找手机联系人，爹妈是别指望了，打给他们只会让痛苦加倍蔓延，朋友们也不想打扰，那些半生不熟的就更别提了，有的连人头儿都对不上号。

那天晚上，我叼着烟头，抱着手机，边想边发愣，天快亮时脑子里蹦出来一句话：还得靠自己。然后，天就亮了。"

是啊，靠自己，人这一辈子走来走去，来来往往的同行者如海水般潮来潮去，不是我不够正能量，只是真的是走得越远你越会发现：真正能陪你走完这漫漫长路的，只有你自己。

一直钟爱许巍的那首《蓝莲花》，忧而不伤，无奈中带有一丝期待与牵挂。

"穿过幽暗的岁月，

也曾感到彷徨，

当你低头的瞬间，

才发觉脚下的路……"

而这首歌恰恰是一部电影的主题曲，那部电影的名字，叫《独自等待》。

没错，独自等待。爸爸妈妈不能陪你一辈子，他们终会衰老，子欲养而亲不在；朋友也未必能永保热络，大家本是俗务缠身，又恰逢这样一个支离破碎的时代；爱人都未必能执子之手，又有多少个玉娇龙能真正地打动李慕白？最终，在这条由子宫通往坟墓的羊肠小路上，你我并肩前行，却又都是独自等待。等一个对的人到来，等一份爱的告白。

然而这并不值得忧伤，这仅仅代表着正常。

有篇文章写得不错，《在大学，孤独是种常态》。

要我说，何止是大学，孤独，是人一生的常态。

恰如电影《这个杀手不太冷》中，年幼的玛缇娜满眼期待问杀手里昂："人的一生都是这样吗？还是仅仅童年如此？"

里昂顿了一秒答道："一直都是这样。"

独自等待，不必挂怀；

你若盛开，清风自来。

/3/ 孤独，是一份你可以承受的生命之轻

这世界上有多少个寂寞难耐的灵魂，就有多少个米兰·昆德拉。

然而令人悲中带喜的是，孤独，并非像传颂的那般不可承受。

我曾认识一位姑娘，她在感情的世界里可谓千般不顺，先是爱情长跑五年多，付出了能付出的一切，被男友无情甩掉，接下来降低标准找了一位老实人，却也仅仅是看起来老实，给她挖了一个更大的坑，辗转几段爱情悲剧后，姑娘至今还保持着单身。

她的遭遇让我想起了电影，名字叫《被嫌弃的松子的一生》。

本以为这段令人郁闷的人生剧本会让她一蹶不振，未料想，那只仅仅是旁人的猜测，在她自己看来，一切并没有那么糟。

有一次吃饭聊天时，她对我说：

"你知道吗，那些你没经历过但觉得想想都可怕的事情，其实远没有那么可怕；我们每个人的生命张力和承受力也比想象中的要强大。

我也曾在一段又一段的负分的情感遭遇中逃离出来时告诉自己，这辈子又完了。然而，恰恰相反，一切不但没有玩完，反而在按部就班地步步向前。

现在，我虽然是单身狗一只，但我有了更多的宝贵时间和个人空间。我每周都会去几次健身房和瑜伽馆，每天闲来无事就逛逛花店和咖啡店，也会偶尔一个人一本书一杯白水静坐窗前，既然已经单身了，老娘就时不时地当一把文艺小青年……"

说到这里时姑娘竟然噗的一声被自己逗乐了。我从她的脸上没有找到一丝孤单，而是充实的幸福感。

现在的她，已经是某文化平台的签约写手，她正在用文字与更多的人分享喜悦，共担忧伤，谁说她孤苦伶仃？我看到了无数个同样的甲、乙、丙、丁在与她携手前行。

在这个人人都把孤独挂在嘴边的时代，仿佛每个生命都害怕独处。大家都羡慕灯红酒绿中那芬芳四溢的红玫瑰，谁都不甘做那平凡山谷里的野百合。然而，红玫瑰也终究会变成床单上的一滴血；那野百合，也有春天。

　　我们恰逢慌张匆忙的年纪，我们深陷在车水马龙的时代洪荒里，我们渴望被人爱与接纳，渴望有人懂自己，就像一生的知己。然而，人是论个的；真正的灵魂伴侣，只会出现在屏幕里。但请相信，严丝合缝的另一半虽不存在，但恰到好处的ta,一定在那灯火阑珊处，与此刻的你一样，向上开花，向下生根，安心活力，踏实耕耘，默默地等，等一个前路的伴侣，等一个更好的你。

结　语

　　一个人吃饭，一个人旅行，一个人看风景；一个人散步，一个人踏青，一个人走过风雨阴晴；

　　一个人，孤单，但不孤独；一个人，独处，却不停下脚步；

　　一个人，没有大悲大喜；一个人，爱上别人前，好好爱自己。

　　一个人的生活，并没有昏天黑地；一个人，并没有什么了不起。

八、最糟糕的莫过于你先感动了自己

/1/ 你的付出太沉重了，我承受不起

方明在大家的眼中真的可以算上国民好男友了，但小楠最终还是离开了他。

人言可畏。

"方明对你多好啊，干吗不好好珍惜呢？"

"天天给你打水送饭，生病了宁可推掉工作也去照顾你，这样的男友百年难遇啊！"

"你不会是吃着碗里看锅里吧？人要学会知足啊，你这样相当于欺骗人家的感情，也是没谁了。"

"他为你可是花了不少钱呢，没功劳也有苦劳吧，真是人之初，性本贱……"

面对纷至沓来的职责与漫无边际的猜测，小楠开始还在四处解释，最终也归于沉默。

很久之后，在一次闲聊时，我装作无意地提起了这件事，问起小楠分手的真实原因。

她长舒一口气道："冷暖自知啊。我在大家眼中成了负心人，可也真

的只有我自己知道，跟方明在一起的时光，我虽然很受益，却并不幸福。准确来说，是很累。"

我更加好奇："为什么有这种感觉？"

她答道："正如你们所看到的，方明对我的确很好。夸张点说是既当爹又当妈，无微不至地照顾我。"

但你们看不到的是，他把他的一切付出都置换成了索取的筹码，把所有的给予都写在了脸上。他每包容我一次，都会成为下次争吵时的说辞；他每为我付出一点，都会让我用双倍的情感代价来偿还。

刚开始我虽然心里有些不舒服，但也挺感动，毕竟对我好的人真的不多。但日子久了，他的态度却越发激烈，一丁点不如意便会引起一顿抱怨与争吵，而我每次都站在道德的低谷被他尽情批判，没有就事论事，没有矛盾焦点，他所有谩骂的底气都来自于他觉得他比我付出多了那么一点点。

而每到我用最后一丝勇气来捍卫仅有的尊严时，他总有一句口头禅等着我："我为你付出那么多你还顶嘴，你是不是瞎了眼。我真的是有点撑不住了……"

听小楠说到这里我恍然大悟：并不是小楠变了心，也不是她不够珍惜方明，错就错在，方明在一段感情中，没等把对方感动，就开始自顾自怜，迫不及待地"先感动了自己"。

/2/ 别让你的努力，只是看起来很用力

张远是我高中时代的同班同学兼室友，很多年过去了，我现在仍然依稀记得我们当初备战高考时的壮烈场景。

我和张远一文一理，成绩都还算过得去。在那段千军万马过独木桥的

光辉岁月里，很难找到比张远看起来更加努力的学生了，准确来说，他那算拼命。

晚间的自习室，他永远第一个到达，最后一个离开，动不动就挑灯夜战，稍一发力就熬到凌晨三四点。

然而最后发榜时，张远名落孙山，惊得众人都傻了眼。

当大伙都以为这仅仅是他发挥失常时，我心里明白：张远其实并不算真的努力。

怎么呢？

张远的确够拼，但他拼的仅仅是时间，却丝毫不顾效率。高考临近的那段日子里，历年的试卷被他做了十多遍，却很少见他整理自己的错题。我尊重他的用功，但不得不承认，他做了太多的无用功，话说得直白些：张远震撼了观众，却欺骗了自己。

大学毕业后，我成了一名码字狗，也经常会跟读者朋友在网上聊闲天。

有一次，某个初入行的写手向我吐槽抱怨：难啊，太难了！累！我们编辑要求我平均三天交一篇稿子，三天一篇啊！熬得我脑细胞都要炸了。你怎么样？你们什么要求？

我答："我们编辑基本上不催稿，我平时有时间就一天写一篇，时间不够的话就两天一篇。"

听闻这话他彻底惊呆，就差脱口而出："装得我给你满分"了。

然而我并不觉得很稀奇，我之所以没觉得自己很累很艰难的原因也很简单，那就是：我认识好几位高产写手，他们中有的人一天能赶出三篇……

我们常常能听到有人稍一委屈便叫苦叫难，我也曾经满腹抱怨。但时间长了我发现，痛苦都是说给自己听的，人也是经常会讲一个感人的故事给自己。然而见得越多就越发现：咱们自以为那些足以放到感动中国上可歌可泣的努力，在真正努力的人面前，根本就不值一提。

/ 3 / 举重若轻吧，没有谁活得比你多容易

小时候住在农村，李大爷一家是我们的邻居。李大爷这人其实也挺勤快，但唯一的缺点就是嘴比行动更勤快。

中国有句老话："先做再说。"可李大爷的原则却是：边做边说，甚至事情还没怎么样呢，先要说出去，还要大大地说。

家里买了一条鱼，拾掇拾掇摆上餐桌，正当一家老小准备欢乐开餐时，李大爷先要发表一段"获奖感言"，势必要说道说道这条鱼有多么名贵，自己弄到它多么辛苦，仿佛老婆孩子都是白眼狼，少说一句鱼都会被吃瞎了一样。吃饭如此，其他就更是一样。无论什么事情，李大爷都要先吐槽，再邀功，务必要让天地都为之动容。

天长日久，老婆孩子反而越发不领他的情。李大爷百思不得其解，其实也蛮简单：物以稀为贵。本来你不说，大家心里有数，对你的辛苦满满地感激；你偏偏要举轻若重，渲染自己的不容易，大家反而轻视起你来很容易。

博得演艺圈内外一致好评的老戏骨，真正可以称得上内外兼修、德艺双馨的"大腕"陈道明，在我还没出生时就凭借精湛的演技与敬业精神红透了大江南北。更有意思的是，每当接受记者采访，这位倔骨头老炮也是对所有煽情提问拒不买账，几句话就呛得记者没脾气。

有一次他接受某人物访谈时，主持人在节目临将结束时想升华下主题，便套路式地问他："陈老师，您在演艺圈中可以说是德高望重的老前辈了，来说说这一路走来您遇到的难处和心路历程吧。"

陈道明一愣，脱口而出道："难处？什么难处？"

主持人坚持不懈："就是比如面对的压力啊，非议啊什么的，当明星

多难啊，怎么可能没难处呢？"

陈道明会心一笑，答道："没啥难处。哪来那么多难处和不易啊？干哪行容易？活在这世上谁不难？你去问问那些马路清洁工，问问工地上艰苦作业的农民工兄弟们，他们难不难？他们比我们难多了！你天天被人当个明星追着，吃香的喝辣的，名利双收，回头你在电视上油头满面、西装革履地跟观众们说你多难？不对吧。你要非问我难不难，那我问问你，你难不难？你费尽心思地采访我，就为了收视率指标和一个月的工资再多一些，要我说，你都比我难！"

当时我看到这段对话，心中满满敬意，话糙理不糙，大实话直接告诉你：别总举轻若重，人活一辈子，没有人活得比你多如意，对自己而言，也就没有那么多力不从心。

/ 4 / 改变世界前，当心先感动了自己

不得不承认，我们从小接受的教育多少都有点"苦大仇深"了。

一篇可以从多角度解读的课文会被我们拿来拔高到一个慷慨激昂的主题；电视剧里也经常充满着为了实现目标而机关算尽、呕心沥血的甲乙丙丁；广受欢迎的励志类"鸡血"电影也呈现出男主角感天动地的奋斗剧情；

天长日久，我们越来越频繁地舔舐伤口，不苦也得挤出点苦水，最后自己到底努没努力过都分不清。

然而，在感动这个世界之前，奉劝大家，先别急着感动自己。什么东西都不能靠得太近，太近，就看不清；人更不能把自己呵护得太紧，太紧，稍动一下都觉得好累，喘不过气。

在今年的奥斯卡颁奖典礼上，全世界都见证了小李子圆梦封帝，当无数人在替他扬眉吐气、欢呼雀跃时，他在做什么呢？

他轻轻地举起小金人，获奖感言里没有趾高气扬，没有泪淹现场，而是着重谈了谈这部获奖作品，顺带着呼吁大家一声：筒子们，请注意保护环境。在那一刻，观众们看到了一位真正成熟起来的莱昂纳多。

在刚刚过去不久的4月份，NBA传奇球星，科比·布莱恩特光荣退役，当无数科迷在替他回忆往昔、著书立传时，他在做什么呢？

他轻松地说了一句：Mamba out，潇洒脱掉球衣。第二天清晨记者们发现，他换上职业正装，准时到达办公室，立刻进入角色，准备把事业开拓进一个新的领域。在那一刻，许多媒体的评论员都不感到意外：你要知道，那才是真正的科比。

华仔曾把多年奋斗的心路历程写成了一首歌，名字叫《今天》。本以为会大倒苦水，为自己的努力代言，没承想歌词却是这样：谁没受过伤，谁没流过泪，何必要躲在黑暗里，自顾又自怜……

结语：我们每个人的生活中都有苦甜悲喜，我们每个人的境遇都可以说是"谈何容易"；然而今天，我不想把一份鸡汤式的理解带给你，并道貌岸然地附上一句："宝贝，我懂你。"那对你而言毫无增益，对我来讲是在变向地消费着你的情绪。

我只想对你说："坚强一点，自己懂自己；走出那个疗伤的角落，勇敢地拥抱每一个黎明。等有一天我们真正地付出了值得称道的努力后，再去对他们说：嘿，当初自己，说来不易。"你要知道，往往是走了很远后的回眸一望，才能豁然看到一路走来的荆棘与美丽。那时的感动，无与伦比；那时的自己，酣畅淋漓。

✡

为你私人订制的烦恼药方

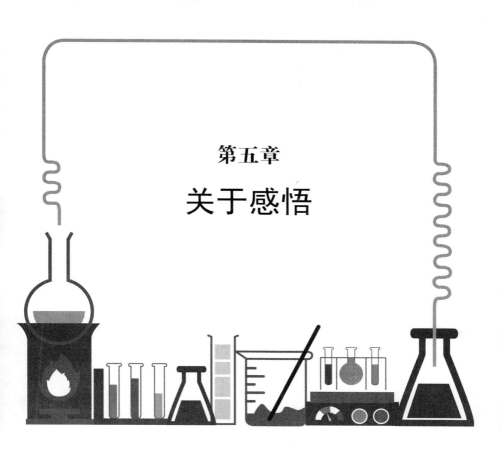

第五章

关于感悟

一、【实用干货】八条让你相见恨晚的硬道理

本人根据自身生活经历与多年所学为大家搜集整理出八条非常实用的硬道理，您只要结合实际，细细品味每一条，都会觉得相见恨晚，话不多说，干货奉上：

/ 1 / 看准对方的需求后再努力

你的老板聘用你，他需要的是你为他创造出实实在在的利润收益，所以面试时，你大肆鼓吹你的学历、荣誉、人生感悟和职业规划，都不如切中要害地告诉他，你能为他的公司带来什么东西，更能博得他的青睐。你的爱人选择你，证明你已经得到了她的认可，此时她最需要的是你传达给她"我也同样甚至更爱你"的信息，所以你不断证明自己多优秀，别人如何比不上你，都不如你每天陪着她、呵护她更能让她安心。你的导师选你做他的研究生，他最看重的是你的知识架构与他的研究方向是否有交集，所以你笑脸逢迎，打招呼送礼，都不如你为他的研究工作作出实际贡献来得实际。社会关系的本质是利益互换，包括物质上和精神上的利益，所以，请看准对方的实际需求后再努力，这样才能一招制敌，百发百中。

/ 2 / 规避赌徒谬误、放弃侥幸心理

心理学上有个名词叫"赌徒谬误"，举例来说就是一晚上手气不好的赌徒总认为再过几把之后就会风水轮流转，幸运降临。如果是重复抛一枚公平硬币，而连续多次抛出反面朝上，赌徒可能错误地认为，下一次抛出正面的机会会比较大。生活中的我们更是会犯同样的错误，假如一个姑娘，连续八次感情经历都碰到了"渣男"，那她不应该认为"下一个肯定就是好的，抓紧开始新感情吧"，而应该暂停一下，想一想，是否自己对待感情的态度存在问题，抑或是看人的标准有误。如果觉得前几个是渣男下一个就肯定否极泰来的话，很遗憾，下一个有可能还是个渣渣。

　　再有一个要不得的心态就是侥幸心理，这个谁都听说过的概念经常被我们大大低估。吸烟的人都相信自己不太可能得肺癌，酒驾的人都相信出事的是别人，不会是自己。你明知道生理安全期并非绝对安全，但仍然不肯采取保护措施，觉得意外怀孕的肯定都是别人。试想一下，我们如果经常在以上的三个生活小问题中存在侥幸心理而非理性判断会发生什么事呢？答：严重肺结核的你酒驾撞残一条腿，而她在家里打电话问你这个孩子到底要不要留。

/3/ 一种感受可以被另一种感受替代

　　一个小孩坐在马路边哭了，我们会如何让他停下来呢？冲他喊："不许哭！"那样他会哭得更来劲。通常男性朋友都会过去给他讲笑话，陪他打闹，分散他的注意力；而女性朋友则会过去给他块糖，问他因为什么哭，给他慰藉或鼓励，安抚他情绪。这两种都是很可行的做法。

　　但你想过没有，有些时候，我们是不是自己就是那个哭泣的孩子呢？生活中的我们是成年人，有着坚固的铠甲，但当我们遭遇打击，情绪低落时，在心理上我们都有点高估了自己，其实我们那时都仅仅像个伤心的娃娃。所以这时候你对自己做的事情，就不应该是告诉自己不许哭，要坚强，并咬牙切齿地压抑住自己的负面情绪。而是应该分散自己的注意力，或是好好安慰自己，用另一种情绪把这种情绪置换掉。你失恋了，不应该把自己囚禁起来，告诉自己我有多受伤，那样只会让你越陷越深，无法自拔；明智的做法是：看看电影，约约朋友，发泄压抑与不快，坦然接受伤害的现实。我们总说时间能解决一切问题，也没错，但时间解决问题的正确打开方式是你利用这段时间去做一切你能做的事，比如忙工作、忙学业、打扫屋子整理房间，哪怕你觉得仍有不甘打个电话试着挽回一下都可以，最坏的结果无非就是继续现在的状况；而错误的打开方式就是：自顾自怜，俩腿一蹬，硬挺着。

/ 4 / 分清楚内部归因与外部归因

你一定有这样的体验，打球时候你投篮不中，篮板也保护不好，还经常被抢断，你会怎么说？你会埋怨风太大，阳光太刺眼，衣服太紧放不开手脚，队友也得为你背黑锅。当我们做错事时，我们会本能地将原因归于外部环境，这叫外部归因倾向。而同样的状况如果发生在别人身上，你又会怎么说呢？嗨，那小子球技太差，反应太慢，情商太低，弹跳力不够，总之，就是他本身不行。当别人做错事时，我们反而会帮他排除掉一切环境和外部干扰因素，直接就断定说对方就是个不行的人，这叫内部归因倾向。

把内部归因和外部归因混淆，不仅会让你做什么事都爱找借口，最终一事无成；更会让你成为一个不理解他人，不通人情，不懂得多方面多角度替他人考虑的偏执狂。我们在马克思主义哲学中经常会看到类似"分析事物要综合考虑内因外因"的说法，但我们不懂运用，经常把好事揽到自己怀里，把过错统统推给别人。所以，明智的你，请不要再在自己没考好时说自己只是一时马虎，别人没考好你就觉得人家实力不济了。要秉承两点：（1）多分析自己做的是不是存在哪些问题，少抓住外界原因不放。（2）生活是多方面的综合体，多体谅一下他人的不容易。

/ 5 / 旁人其实感受不到你的尴尬

你是否有这样的经历和感受：你穿着高跟鞋走在路上，一不小心崴了一下脚或是掉了一样东西，你脸红脖子粗，觉得仿佛大家都在看着你出糗；你坐在餐馆点菜，服务员没听清你在说什么，你觉得好似餐桌变舞台，其他食客都是观众，为了不丢面子高声对服务员又吼又叫，最后真的很尴尬；你和朋友逛街，突然发现自己漂亮的新衣服上有块污垢，瞬间觉得整个人都不好了，一个污点变得比黑洞还大全世界都能看到，而你的朋友还要照顾你的情绪，好好的旅途填满了你紧锁的眉头和抱怨。

其实，旁人真的感受不到你的尴尬，大家都有自己的事在忙，没工夫在意你怎么样；另外，即便真的有人发现什么，他们也仅仅是你生活中的路人甲，你几乎不会和他们相遇第二次，而你身边至亲的愉悦才是你最该考虑的问题。还要提醒大家一点，就是自嘲是种非常厉害的能力。当你遇到尴尬状况时，适当自嘲一下，独乐乐不如众乐乐，很多时候你自己越不在意别人往往会跟着你一起不在意，你越窘别人越来劲。有一次演讲比赛，我事先搞错了选题，到场时才发现自己准备的题目和现场给的不一样，我随机应变，顺水推舟，把这件糗事直言不讳地拿出来说，恰好成了一个对应当天演讲主题的鲜活案例，最终拿了好成绩。所以说，根本没有尴尬一说，只看你怎么对待它。送给大家一句我大学老师毕业时给我的赠言：成大事者，状元才，英雄胆，巴掌厚的一张脸。

/6/ 留给自己的时间越多，反而会越拖沓

政治学中有一条声名显赫的"帕金森定律"，它与"墨菲法则""彼得原理"并称为20世纪西方文化中最杰出的三大发现，这一定律又演化出了十条法则，可谓条条经典，今天为大家介绍帕金森定律关于时间管理方面的运用，即：压缩提供给自己的时间。帕金森发现，人做一件事所消耗的时间差别很大：一位老太太要给侄女寄明信片，她用了1个小时找明信

片，1个小时选择明信片，1个小时用来写祝词，决定寄出明信片时是否带雨伞，又用了20分钟。做完这一切，老太太劳累不堪。同样的事，一个工作特别忙的人可能花费5分钟在上班的途中顺手就做了。

生活中的我们跟那个老太太是不是有几分相似呢？您一定有印象，小时候我们国庆放长假，一天就能写完的作业任务，我们一看有七天的时间，完全够用，便会不自觉地拖了又拖，到最后玩也没玩踏实，作业也没写完。假如你的太太给你三天时间让你带回来一台吸尘器，你一看几分钟就能解决的事，不用着急，结果往往就会是这台吸尘器三个月都没到家。帕金森认为，工作会自动占满一个人所有可用的时间，如果一个人给自己安排了充裕的时间去完成一项工作，他就会放慢节奏或者增加其他项目以便用掉所有的时间。

/ 7 / 学着从压抑欲望转移到合理释放欲望

前些天有位读者朋友私信我说他打网游成瘾，女友坚决反对，但自己怎么也戒不掉。我建议他根本不用想着去戒掉，不妨找一下内在动因，然后把打网游的欲望用其他方式发泄掉。其实生活中的我们经常会不自觉犯一个错误，就是不分具体情况地逼迫自己完成某件事，但很多事情完全是基于个人生理或心理上的先天诉求，戒掉是不现实的，反而容易把自己憋坏。大禹治水采用的明智方法就是用疏不用堵，把力卸掉而不是寄希望于螳臂当车。就比如说，你喜欢打网游，我有时间也喜欢打一打，但细想一下驱使我们打网游的动机是什么呢？精彩的画面、震撼的体验、给力的情节设定、与队友合作通关的成就感，等等，那么平心而论，这些满足动机的要素其实是很多其他形式也能承载的，比如说打球、健身、参加各种活动或比赛，等等。这样一来，我们就可以用既轻松又有效的方式从压抑欲望转移到了合理释放欲望，对身心都有利。

在此说点题外话，我十分鼓励和呼吁大家去参与面对面的活动，打打球、唱唱歌，哪怕吃吃饭，一起旅旅游都行。为什么呢？它们能提升你的情商。还真别不信，其实你也许也有同感：高情商都是"玩"出来的。从社会学角度看，一个人所谓的情商高，无非就是处理社会关系得当，有度，说话办事得体，而这些技能不是你把自己关在家里闭目养神就能get的。当我们走出自己的一片小天地，与人面对面交流，多参加团体性的活动时，我们就很容易学会适应游戏规则，多考虑他人感受，而不是自说自话自娱自乐，这些都是一个人走向社会融入社会必不可少的重要素质。

/ 8 / 用十年后的目光看今天的自己

一个人的成长中，什么最重要？努力？意志？能力？当然，我承认前三者都很重要，但有一样东西，如果没有了它，你的努力意志和能力都会化为泡影或是发挥不出最大效用，这个要素叫做胸怀与眼光。有个段子在网络上被黑成了无用的鸡汤，但在我看来它有大用，在这里分享给大家。这个段子的真实出自于《寒山拾得问对录》。昔日寒山问拾得曰："世间有人谤我、欺我、辱我、笑我、轻我、贱我、恶我、骗我，如何处置乎？"拾得曰："只是忍他、让他、由他、避他、敬他、不要理他，再待几年，你且看他。"

这里所讲的，便是一种坦荡的胸襟与超拔的视野。生活琐碎不堪，我们作为凡夫俗子，不免会常常深陷泥潭不能自拔，这时便需要我们将思维跳脱出来，用十年后的目光来打量一下今天的自己，不仅可以豁然开朗，还能一眼洞穿自己已经具备了什么，距离想要的未来还缺什么，缺什么，自然就去补什么，如此一来，万事皆通。我大学期间的同学阿明，有一次英语考试挂科，面临延期毕业的状况，他很有上进心，不过就是学不好这个科目，当时得知考试败北，一蹶不振。我鼓励他说："你的确是外语挂科了，但你将来想从事的工作跟外语相关的可能性并不大，你有你的特长，何不把精力用在将特长发扬光大，使其成为你的'撒手锏'呢？"他很受用，毕业之后奋斗了几年，现在是某公司销售部的经理，而他当初的特长，就是能说会道而已。用一个长远的眼光、发展的眼光审视自己，从眼前脚下的磕磕绊绊中跳脱出来，把一个遥不可及的大目标拆分成一个个跳跳就能够得着的小目标，然后稳扎稳打，步步为营，假以时日，必能如愿。

结 语

今天跟大家聊了聊自己平时总结的一些实用的小道理，希望会对大家有所启发或帮助，其实类似的理论还有很多，日后会慢慢地向大家详细汇报。很多人说，我知道那么多道理，可依旧过不好这一生。完全正确，太对了。但谁告诉你"知道"道理就一定能过好一生了？它们之间毛线关系都没有，but! 践行这些道理和过好一生却有着极强的正相关。上帝为世间带来真理，教育和传媒将它们传给大众，谁都能说出两句，那这么推算世界上岂不是没有loser了？真正区分强者和弱者的标准不是知不知道，而是践不践行。最后送大家一句话："上士闻道，勤而行之；中士闻道，若存若亡；下士闻道，大笑之，不笑不足以为道。"

二、八条让你相见恨晚的"软道理"

导 语

前几天写了一篇《八条让你相见恨晚的硬道理》，很多读者朋友表示意犹未尽，既然答应大家喜欢的话就再聊聊，那就再聊聊。今天仍然奉送八条，老规矩话不多说，干货奉上：

/1/ 身体决定脑子

我们通常接受的观念是大脑指挥身体，今天要提醒大家，很多时候，是身体的状况决定你的头脑与情绪。你是否有这样的体验：生活中那些脾气差，情绪起伏不定的人，往往健康状况都不太好，或者说，他们的身体处于亚健康的状态；而那些比较爱运动，新陈代谢状况很nice的人，往往活泼开朗，心里反倒没那么多破事儿。纵向比较也是这样，比如，你在一个氧气充足，生态宜人的环境下与恋人吵嘴，跟你在屋子里憋了一整天，皮肤干燥头发分叉的情况下与恋人吵嘴，过程与结局都大相径庭。前种状态下你嘻嘻哈哈不当个事儿，后者状态下你可能狂躁不堪甚至会动分手的念头。明白了这个道理起码可以为我们两点帮助：第一，试着多方面理解他人，很多时候不是对方针对你或是人品差什么的，而是仅仅因为他的健康状况不佳，提不起兴致（参见女生来"大姨妈"时的感受）。第二，要求自己多运动或多处于舒适环境下，这样不仅对你的身体有好处，更能大大提升你的沟通状态，让女生都成为氧气美女，男生都成为元气少年。额外赠送：保持睡眠充足绝对有好处，据韩大爷私人调查研究，百分之六十以上的负面情绪都是因没睡饱引起。

/2/ 试着在行进中解决问题

做好万全准备再出手，这可以说是广大学生青年的"职业病"。我们从小接受的传统教育往往都是"全能型""谨慎派"。考试的时候家长会告诉你一万遍"小心审题"！上课时老师会呵斥我们十万遍"想好了再答"！长此以往，导致我们今后在决定做任何事之前都养成了两个不好的习惯，第一，疯狂地做计划，但每个计划实施起来都心好累，虎头蛇尾。第二，永远处于不停的准备工作当中，"等把四级过了再考虑就业吧，唉，还是先考个研吧"，然而我们从不考虑这些准备工作对我们的终极目标是否有实际效用。我们美其名曰是在塑造更好的自己，然而目标的实现并不需要你360度无死角地突击，只需要你简单粗暴地上手去做就好。还记得小时候我们怎么学会的骑自行车吗？越是眼睛不敢往前看，脚不敢用力蹬，你就越容易侧翻，只有不停地踩脚踏板，在行进中保持动态平衡，才能实现稳定。很多时候，解决问题的出路不是分析问题，而恰恰就是：去解决问题。

/ 3 / 很多担心的事基本都不会发生

不得不承认，我们人类，尤其是中国人，会下意识地高估坏事情发生的概率。而且，即便坏事情的发生是个小概率事件，我们也会觉得，自己就是那小概率中的一部分。比如某专业的就业率是百分之八十，那该专业的学生会下意识地感到就业难，失业风险大，因为自己就很有可能是那百分之二十中的一员，从而焦虑不堪。再比如，你的"大姨妈"推迟了四五天没有来，虽然你与男友亲热时已经采取了安全措施，但你仍会忧心忡忡，因为毕竟坏事"有可能发生"。这种看似谨慎的态度虽然有助于我们防患于未然，但也会成为我们精神上的拖累，我们倾向于悲观地看待一切事情，凡事都做最坏的打算，但总是担心明天的结果是，你会过不好无数个今天。

/ 4 / 多搞"线下"社交

无论你是校园中的青葱少年，还是刚刚步入职场的初生牛犊，都面临着一个不得不跨越的门槛：小群体社交。我们会与几个好友之间建立小群体，会与刚刚认识的部门同事组建小群体，这个群体有可能是微信群，也有可能是一场临时的party。如果你想在这一个个的小群体中如鱼得水，分分钟变身社交小达人的话，请注意：少做"线上"红人，多搞线下社交。也就是说，我们要尽量避免让自己成为万绿丛中一点红，不要在一群人中凸显出你一个，不要搞一对多的撒米式传播，而应当与这个群里的每个人或大多数人搞好个人关系，既有效，还不累，又不得罪人。而且你会发现，当你与这个群体里的大多数人都建立了良好的线下私交时，你在该群体中的整体声望自然就水涨船高。

/ 5 / 不存在"迫不得已"一说

我们经常会听到那样的抱怨，甚至很多时候自己也这么说："唉，其实我当初是不想考研的，没办法，父母之命，迫不得已啊……"类似的句式有很多，我们可以把"考研"换成找工作、选男友之类，再把父母之命换成其他的客观条件，都行得通。然而，人生需要被揭穿，很多时候，生活里没那么多"迫不得已"，你最终能做出什么样的选择，其实都遵从了你的原始意愿，也就是本心。千万别低估我们人类，我们在本能上是最乐于取悦自己，让自己舒服的动物。我们所做出的很多"迫不得已"的选择，其实都在满足自己心中的某个欲望，只不过这个欲望埋得很深你没发现，抑或是你发现了但羞于承认罢了。从这个理念出发，我们就能明白为什么很多成功学书籍或是名言警句会告诉你"跟着感觉走，追随自己的内心"了，因为无论你现在处于什么境况，一开始的选择，其实都是你自己想要的。所以，随遇而安。

/ 6 / 人生基本是靠"说"出来的

好吧，我承认行动胜过言语，但请你注意，人是最会"哄"自己的动物。所以，我这里的"说"，指的是你常常挂在嘴边上的话，它们虽然是你生活状态的反应，但往往能反过来影响到你的生活状态。比如，你经常唠叨着："唉，好累啊好累啊，好烦啊好烦啊。"大约一个星期左右，你会发现你的生活真的会变成又累又烦。心理学中的心理暗示与自我催眠理论都能对这一现象做出很好的解释，在此不作过多赘述。而且，你对自己和对自己生活状况的描述是怎么样的，周围人对你的看法也就是怎么样的。比如说，你经常对别人说："哎呀，我其实吧，是个自卑的人，不怎么爱出席场合。"注意，你这么说了，甭管你是随口一说还是说得准不准，在别人心中一定会留下印象，下次即便赶上你愿意出现的场合，大家都不会叫你的。所以说，说话一定要谨慎，无论是说给别人听，还是讲给你自己。

/ 7 / 人不努力的原因从来只有两个

开门见山，人之所以不努力，原因大体逃不过两种。第一，对于未来的惩罚和收益估计不足，倾向于就眼下的利益进行决策。比如，我们会在大学阶段花费大量的时间去进行学习之外的娱乐，这些娱乐都有一个典型的特点，就是能够立即获得愉悦，并且并不会导致立即的损失。远古的生活告诉我们的真理就是：几年后的潜在收益跟眼下唾手可得的好处无法相比。第二，不敢。没错，就是不敢努力。还是那句话，人生需要被揭穿，知道为什么不敢吗？因为怕努力了都没做好，自己发现了自己的不行。我们见过很多所谓的"头脑很聪明，要是努力了的话就一定如何如何"的能人，但请注意，他们并非真的"聪明"，一个真正明智的人，更能体会到目标达成的容易性，所以反而更愿意去一笔填满那个圆，而我们时常拖延不去付出，不去奋斗的难以启齿的原因就是：我们怕这条路走了又走，用尽吃奶的力气，好不容易到终点才发现，那块界碑上写着：你就是不行。所以，别再给自己找借口，不服就去拼一下，够胆你就来。

/ 8 / 这是一个灰色的世界

你相信吗？这是一个只有近义词，但没有反义词的世界。我给你举几个例子：真诚的反义词是虚伪吗？不是的。你得了癌症，你妈妈不忍心告诉你真相，她没做到真诚，但谈不上虚伪。那再问你，开心的反义词是难过吗？不是的，我们正常人每天有百分之二十的时间能达到"开心"的地步就不错了，而我们也没有每天都苦大仇深，因为有一种状态叫"并没有多开心"，你需要坦然地知道，"不开心"是种常态。最后，真实的反义词是虚假吗？这个说起来就深了，你可以去看一下传播学中的"拟态环境环境化"理论，也可以看看黑泽明的电影《罗生门》，甚至可以延伸到一些哲学上的大部头巨著，你最终会发现，这是一个灰色的世界，并不存在所渲染的那些非黑即白。而人的一生，想想也有些可笑，大多都是一时的观念之争。但你不必绝望，世界从来如此，它不懂得欺骗，只是我们认识它的深度，有了改变。知道了这些，你会不再计较那么多，不再去刻意地考验所谓的人性，放下执着，直面生活。

结　语

　　好啦，今天就先聊到这啦，以上都是我平时看书或疯狂补脑洞总结出的一些不成熟的小看法，缺乏十足的科学性，我姑妄言之您姑妄听之。如果觉得我的某个观点对您有所启发或收益的话，那就达成所愿啦！另外声明一下，我写文章纯属个人爱好，不接受读者打赏的，太破费了，不值得。大家如果喜欢的话，点赞就OK。明天接着聊哈。

三、从不存在说走就走的旅行，那只是你我无处安放的神经

/ 1 / 尴尬的小资

　　记得在一次外教的口语课上，Jim老师给我们讲过一个有趣的故事：他的一位中国同事的女儿，非常渴望出国留学，小姑娘也蛮勤奋，早早就备战雅思考试。可令家人不解的是，复习英语时小姑娘非要去星巴克不可……家人好心相劝："家里也可以学习嘛，我们不出声音就是了，不行的话，去学校自习室也可以啊。"姑娘怒了："你们懂什么，你们知道什么叫情调吗，学外语就要有学外语的气氛！"当然她父母可能永远都不会理解星巴克的中国分店为啥就自带"歪果仁"的气氛。高潮来了，小姑娘一身文艺打扮，抱着厚厚的复习资料前往一家星巴克，人山人海。但她意志坚定、百折不回，最终在日复一日的"咖啡情调"渲染下，终于……落榜了。

　　当时我们哄堂大笑，连一向严肃的Jim也是哭笑不得，但他可能不知道，这个姑娘的尴尬，在刻板印象风靡的中国，并非个例。前阶段我写过一篇文章，其中有这样的文字："这年头，你如果不穿着白衬衣，唱唱KTV，练练小瑜伽，追个小韩剧，没事来个说走就走的旅行，去马尔代夫跳个海，去普罗旺斯听听花语，去和身边百八十个汉子成为好兄弟，去插花，去品酒，去抽雪茄，去吃分子料理……你出门都不好意思说你是个女

的。"最近收到某粉丝留言："深有同感，不光不好意思说自己是女的，而且已经被这种评判标准影响到了生活，但凡想过得正常点儿，就会被黑没追求，一年不晒几次旅行照片，都没颜面出入朋友圈……"

没有调研就没有发言权，读研时为了完成一个课题，我与同组的小伙伴们搞了一项"请说实话"问卷调查，本是个考察人的说谎心理的调查研究，却有了一些意外收获，根据样本分析显示：约有百分之七十三的受访者表示咖啡馆的书基本没怎么翻过，有百分之五十七的受访者表示旅行中的乏累已经远高于快乐，更有百分之六十五的企业家表示，摆放在书架上的书，也仅仅是个摆设……我们不得不承认，我们所追求的小资生活，被神化得有点尴尬了……

/ 2 / 楚门的世界

本科专业学的是传媒，记得一次课堂上老师给同学们布置了一个任务：设计一份以旅行为主题的宣传性杂志，请拿出大体方案。同学们想法颇多，踊跃发言，有说要以权威专业的角度提供给受众独家的旅行信息，有说要通俗易懂些、接地气一点，最好给出实惠的方案供受众参考，有的则主张干脆就往上面放各种旅游攻略。结果，那次作业得分最高的方案却是这样：我们不妨找一些帅哥美女的照片放在上面，搭配一些有文艺气息的稿子，为受众营造一种意境。刚开始大家都不太服气，这有什么嘛。后来我们大学毕业，在传媒领域浸淫了一阵子后，对这一切有了更加深刻的体会。就像电影《楚门的世界》里所描绘的那般，大众传媒的真正本领并非为我们深刻描绘现实世界，反倒在创造理想环境，挑逗受众欲望方面牛得不得了，而使这些拟态假象一次次深入人心，屡试不爽的手段大致有两个：利用人的从众心理和屏蔽一切干扰因素。

先说说从众心理，这是一种已经被我们极度低估的心理状态，其影响面之广，作用时间之长久，远远超乎了我们的想象，最重要的是它不易被察觉。我们平静下来，试想一下这样的画面，假如身边的朋友谁也没有炫耀或鼓吹说走就走的旅行的概念，你真的还会对此永葆执念吗？未必，每个人都有自己的选择，无论何时，当一个时代的青年人拥有整齐划一的人生取向，不管是积极的还是消极的，其实都不太正常。

再者就是屏蔽干扰因素了。你一定有这样的同感，你看到别人晒游乐场的自拍，羡慕不已，咬牙跺脚自己也去体验了一把，结果你发现，从排队到拥挤，风风火火恍恍惚惚轮了一圈下来，并没有看起来那么有意思。你在朋友圈里看见闺密去各地旅行，恨不得把存钱罐砸碎也要穷游一次，结果走一圈回来，你的体验多半是匆忙和劳累。当然，在此期间，你上传的朋友圈中的照片，仍然是"元气满满"。是谁在欺骗我们？闺密？她们其实也是"受骗者"。是大众传媒，媒体最厉害的招数就是为你打造一个梦一般完美的愿景辅之以再不如何如何你就呕吐了式的煽动性口号，结果就是我们像鸭子一样从一个流行扑向另一个流行上，流来流去，心中的幸福感没增加多少，脑子里的吐槽值却屡创新高，永远给人的感觉是："放在别人那里很流行。"

/ 3 / 我们的生活

用一句话来形容我们扑向流行理念的状态再合适不过：慌慌张张，匆匆忙忙。归根结底，致使我们在追求个性的同时反倒丧失了个性的原因就是：我们的神经过于紧张，我们的灵魂无处安放。我们在狂热追求精神独立与自我解放的同时，不觉间被他人的观念捆绑，我们在狂热地追求真爱和自由的同时，发现我们其实越自由越不自由。我们在效仿别人是如何生活的时候，恰恰忘了那句台词："嘿，你的生活，不，是你的生活。"
我们匆忙地从这一观念奔向下一个观念，今天觉得人生不止眼前的苟且，
还有诗和远方，明天就被一句生活不止有眼前的苟且，还有远方的苟且乱
了阵脚，抓紧把刚刚网购回来的徐志摩诗集撕掉。看似百家争鸣，思想繁
荣解放，其实搞来搞去争鸣的就那么几家，而我们的思想不是在解放，而
是在忙着站队而已。一切都来得快去得也快，热得快冷得也快，再也不是
什么车马邮票都慢，一生只够爱一个人那么简单了。你发现了吗，我们越
来越不习惯发出自己的声音，连在网络的虚拟世界里，我们最偏好的，都
是转发。我们的神经，空前发达又空前敏感，无处安放便押宝似的四处乱
放，我们早已将"我的地盘我做主"演化成"你们的地盘我点赞"了。

　　你我比谁都清楚，现实很现实，复杂的左右因素很多，但我们又担心
幸福感这东西是少数服从多数，生怕自己不小心掉队。所以，我们即便不
能说走就走地旅行，我们也得逼着自己先说出来，路，以后再走。但是，
如果你肯不受偏见干扰，安心过好自己的生活，学会独处，学会把发现美
的眼睛聚焦在身边的风景，过好当下，踏踏实实走好脚下的每一步路，你
就会发现：一花一世界，一叶一菩提。进而，不卑不亢，不慌不忙的你，
也终将收获属于自己的小确幸。反之，如果你连身边的美好都不易察觉，
宁可在朋友圈里遨游世界也觉得浇浇花是在浪费时间，那这样的我们，便
是在舍近求远；并且，这样的我们即便真的有一天到了普罗旺斯，也会两
天半就失去兴致，觉得不过尔尔，把羡慕的目光投向虚无缥缈的外太空。
最终，总会大失所望。仅仅因为那个简单粗暴的公式：人的欲望=无限

结　语

　　心中若有大海，走到哪里都是马尔代夫；灵魂没有重量，逛到天堂也
会水土不服。别让我们的生活被别人的选择捆绑；别让所谓的旅行沦落到
从自己活腻了的地方溜达到别人活腻了的地方。

四、关于大学，关于所谓的一生

最近高考刚刚结束吧，信息栏里一大堆关于"大学四年该怎么过"的问题。小朋友们也是够着急，刚下战场，装备还没来得及卸下，就又准备再赴前线，跟人生路上的千万个假想敌们拼个你死我活。

你们一着急不要紧，可难倒了韩大爷。我这几天得空的时候就没闲着，满脑子大学大学大学的。上网一搜，嚯，相关文章比成功学都火，据说还都是某某过来人的良心经验，对大学生活的各方面指点可谓汗牛充栋，五花八门，仔细一读，全是屁话。

我尝试着写关于大学生活的几条几条，写来写去却发现，真正有用的只有一条，其余都可以抹掉。那今天，就这一条，跟大伙简单聊聊。

你要问我大学四年该怎么过，大学时代培养什么能力最重要，很简单，四个大字：独立思考。

很平常是吧？耳朵都听出老茧了对吧？然而就是这烂大街的四个字，很多人一辈子都做不到。

我们中国的孩子们十八岁以前可以说基本没受过什么"正规教育"。先别急着跟我亮你是哪所多么牛的重点高中毕业的，我所说的教育，是真正的教育。

想想我们十八岁前所吸纳的全部认知来源吧：六岁之前，啥也不懂，光腚娃娃一个，姥姥疼舅舅爱，脑子里装的都是动画片里的奇幻色彩。

等到背起书包上学堂，童年戛然而止，每天风风火火恍恍惚惚，老师的谆谆教诲板着你，父母的耳提面命训着你，学到所有东西都是下一阶段继续学习的工具。

到了初高中，好家伙，青春期都省了，偶尔有点小情绪小感悟也被一次又一次的应试大浪冲飞了"裤衩"。千军万马过独木桥，做了整整一年多的模拟卷后，你站在我面前，告诉我你即将成为一名大学生……

我不敢一条一条地妄言所谓的素质教育是什么样的，但我敢肯定，绝对不是我们十八岁前所接受那样的。

到了大学阶段，就有意思了。你随便在街上找个小愤青，他都能提出关于中国大学的百把条弊病。中国大学教育或者说我们的大学生活存在哪些问题，我不占用篇幅跟你谈，你我都心知肚明。

中国的大学四年是既毁人又造人的，怎么毁你不用说了，问问那些扬言"被大学上了"的学长就知道了，主要还是谈谈这么可恨的它是怎么造人的。

然而被我们所忽略的是：大学存在的问题，正是你重新塑造自我的一个机遇。

大学四年，尤其是中国大学的四年，是个极其"有特色"的时期。在这个时间段内，守在象牙塔里的你基本不会遭遇什么经济困难，更不需要你去触碰柴米油盐，日子过得轻松写意，父母就是你最大的物质资源。

这个状况的出现反而酿成了一件好事：它把你从现实的泥沼中抽离了出来，让你面对思想上的约会时欣然前往，面对最廉价的奢侈消费品——思考，你是既有钱，又有时间。

仓廪足而知礼节，暖饱思淫欲，这四年里你们不是哲学家就是诗人，不是雄心万丈的追梦者就是忧国忧民的守护神。

正是这闲得蛋疼的四年，大手一举，把你们抛到了天空上，白云飘飘鸟语花香，最大的烦恼就是最近怎么没什么烦恼，最着急的事情无非是情人节送女友德芙巧克力还是星空棒棒糖。

然后，吃饱了撑的你，开房开腻了的你，时隔N年后，终于对所谓的经法文史哲产生一丢丢的兴趣，也对周围你看惯了听惯了的一切，产生了那么一点点的好奇。

这时的你，才刚刚开始接触到真正的教育，这也是我们一直困惑不解的问题：为啥到了大学后，所接触的都是小孩子时要学的东西？说来也简单，因为这四年的你，压根儿就没人理。

也正是这时的你，开始真正地有所思、有所想，你学会质疑你所面对的一切，你也接触到了一些诗与远方。

好日子终归会到头，当四年过去，那双大手一撤，你仍然什么都不是，手里什么都没有，但我敢确信你将有这样的体会：我跟四年之前，有了一些不一样。

不一样在什么地方，不一样在你有了那么一点点自己的思想，认知事物不再仅仅依凭别人的眼光。

人这一辈子，老实讲，没什么可值得骄傲的。

毛姆在《月亮和六便士》中一开头就说："很多人看起来非凡，与其说是自身的禀赋，倒不如说是因了他们所处的位置。一旦时过境迁，其不同凡响也就大打折扣了。退出职位的首相不过是夸夸其谈的雄辩之士，失去兵权的将军也就成了懊丧失意的市井英豪。"

你的地位不值得你骄傲，你的财富不值得你骄傲，你的荣耀不值得你骄傲，但人，之所以为人，值得骄傲的地方倒是有一点：他有自己独立的思想，他凡事喜欢琢磨，爱思考。

正如帕斯卡尔谦卑又自信地说道："人是一根能思想的苇草。"

有了这份独立的思考，你就能看清事物的本质，知道这世上很多东西是多么地唬人与荒谬，遇到事情时能独立判断，淡然处之；

有了这份独立的思考，你就能想人之不能想与不敢想，做事有自己的一套，在如今这机遇遍地的互联网时代里找到出口，屡出奇招。

有了这份独立的思考，你卑微却不渺小，丧失了一切也能从头再来，因为你拥有了一个经过深刻思维历练的理性大脑。

很多人的一生，就这么过去了，他们的生活永远是依靠外界，当外在的东西停止，灵魂也跟着无聊。

很多人的一生，都活成了别人的一生，别人说西就是西，改成说东，他也慌张得发疯，他们的一生，不叫一生，而是仅仅来自于别人随口的一声。

所以你问我，大学四年什么最重要，我会向你重复一千遍一万遍：去兼容并包，去独立思考。

当然，独立思考是有前提的，它可不是叫你每天往那一坐，冲着寝室床位大喊：老子就尼玛是太阳，我要创造超人哲学！这事儿归尼采负责。

要做到独立思考，需要你去充电，需要你去磨炼，需要你变成一块超大型的海绵，把触角伸及四面八方，沿途将好的坏的统统看遍。

所以，我建议你多读书，不是为了考试拿学分，而是让你多多积累，多多沉淀。

所以，我建议你常旅行，不是为了朋友圈里晒照片，而是让你将灵魂丰厚，把眼界拓宽。

所以，我鼓励你参加各种社团，不是为了学些什么尔虞我诈人际腹黑学，而是让你学会沟通与协调，也瞧瞧别人生活的剧力万千。跳进去游刃有余，跳出来潇洒旁观。

做到这三点的你，变成了一块硕大无比的、若软却又坚实的海绵，这时的你可能只能挤出一滴水，但这滴水堪比陈年佳酿，让你潜力十足，厚积薄发，功效堪比街头贩卖的包治百病大力丸。

做到这三点的你，才有资格也有自信说自己拥有了独立思考的能力。

正如我曾经的一位导师所言：如果你说你喜欢佛教，那也蛮好，但麻烦你把世界所有的其他宗教的经典统统看完，那时你才有资格跟我趾高气扬地说，哪个是你更喜欢的。

何止这四年，人这一生想过得精彩，无非就三句话：读万卷书；行万里路；与万人谈。

五、你妈妈逼你读书了吗?

为了证明文章题目不是在骂人，我对这个问题的回答将会是："我妈，没有逼过我读书。"

而不是："读了呀……"

我妈确实不曾逼迫我读任何书。无论课内课外，甚至是寒暑假作业，都是睁一只眼闭一只眼。父母都是农民，家中丝毫没有任何书香门第的气息。在他们看来，孩子是注定教不出来的，该什么熊样就什么熊样。在我六岁那年，一家人居然犹豫过到底送我去上学还是留我在家放羊……什么愁什么怨。

小时候家里住在山上，坟地很多，我很好奇为什么每块坟包子前面都要放一块长方形的石头，于是，我认识了第一批汉字，在一块一块墓碑前。

夜晚山里没有电，母亲就拿读故事会当消遣，我窝在她怀里凑热闹，她看文字，我读插图。后来的某一天，我在破大衣柜底下倒腾出一本百家姓和一本名叫什么剑什么狗的武侠小说，于是六岁之前的每个夜晚，就不再寂寞了。

下山上学后，更是没人在意我学业如何，每天的作业是在哗啦啦的麻将声中写成的。我从没像别人家的孩子那样打小就受各种世界名著和四书五经的熏陶，连小人书和连环画都没见过，唯一一些消磨时间的东西，都是从邻居和村里老师家的仓库里偷出来的《笑话大全》《夫妻夜话》《中西教育差异》《种子农药大百科》一类。小学快毕业的时候，家里终于送给我一本《钢铁是怎样炼成的》，我感激涕零，后来才知道他们以为这本书可以帮我日后成为高级炼钢工。

初中二年级的生日，父亲给我买了本《三国演义》作礼物，扉页居然还有赠言：多读书，多吃饭，谁要欺负你就干。我一看还蛮押韵，这背后是蕴藏着多大的寄托……

虽然我成绩一直不错，但家人仍很少给我买课外书，逼得我想出两种办法来认识这个花样的世界，一个就是看电视，疯狂看电视，每天八小时，广告都不放过；再一个就是借各种高年级的语文、历史和政治教材读，一个字一个字地读，每天不敢读太多，因为今天读过头了，明天就没读的了。这样做的好处是我的知识面一直领先于同龄人，坏处就是导致我永远是偏科的。高二分科的时候我光荣成为一名傻子文科生。

母亲患有重病，需要四处求医。自打初中起我就在外边住了，一住就是十多年。考入高中使我这个乡巴佬儿终于进了城，也让我生平第一次见到书店的样子，当时的唯一感觉就是：我发了。

那是我们县城里鹤立鸡群的一家店，叫什么什么书屋，里面有好多杂七杂八的书，最重要的是，随便看。既然忘记它叫什么名字，那就称它为"神马书屋"吧。神马书屋里存量最多的就是杂志，各种杂志。便宜的三四块一本，贵的单价也不过十几块。我从没读过杂志这东西，翻开一看每本里面居然有好几十人写得好几十篇不同的文章，好神奇。对比一下，我的那本《三国演义》，从头到尾只有罗贯中一个人在那叨叨，居然还卖三十多块一本，猛然觉得上当受骗了，于是我爱上了杂志，也爱上了神马书屋。

从高中一年级开始吧，我每天会攒下一块钱，平均每三四天就会逛一次神马书屋，买回一本杂志。神马书屋的老板是个自带啤酒肚的中年秃顶大叔，穿着并不是很干净的老头衫，憨态可掬的他摇着蒲扇，满肚子的生意经。有一次，我看到一本杂志的封面很特别，但是加了包装，就问大叔："我可以拆开看看吗，但不一定会买。"大叔魅惑一笑对我说："拆了的话最好还是要买下来。"我问为什么，大叔机智答道："每本书在开封之前都相当于一个处女，你扒下她的衣服，就得对她负责，而且不光要买下来，还得一个字一个字地读完。"我听后特别受用，从那天起，但凡买杂志或书尽量都挑带包装的买，而且每每拆封之际心里都邪恶一笑；而也是从那天起，我敏感地察觉到，神马书屋里的杂志仿佛一夜之间都加了包装……

高中三年，大约读完了三百多本的杂志，高考过后，都被我以一块钱一本的友情价格清仓甩卖，按现在的眼光看，那些东西虽然"鸡汤"文占了大多数，但为稻粱谋随手就卖掉还真是遗憾。原因有二：第一，那是我"中二期"的难忘回忆。第二，当初没想到有天我也能写出一手杂志上的文章。

到了大学，整个就是一片书的海洋。而那间小小的神马书屋，也在另一个城市丛林里幻化成某某书城。讲真，当第一次踏进某某书城时，实在是挑花了眼，激动得一本都不敢买，因为选择的同时伴随着舍弃，要了这本就没法要那本。当这个心理bug在数月后，我把越来越多的带包装的"处女书"抱回了寝室，这才切身体会到了那句"书中自有颜如玉"。有位教授对我们说："大学，就他娘的要大大地学。"有位研究生学长也曾对我们感叹："你们造么，书读多了，人就神了。"我们虽是无神论者，却都盼着更神，于是，书也就买得更勤，读得更深。说到这里有些惭愧，那些小时候没机会读的大部头世界名著，大学期间也没怎么读，倒是杂七杂八的书读得多些。而且我发现，读书根本不是越读越快，而是越读越慢，因为发现了很多牛作者写的牛文字以后，你就会更加小心翼翼，不敢怠慢。

大学临近毕业，一想到日后参加工作，每天觥筹交错感叹人生，可能再也没精力和心气撕开一本又一本"书籍膜"，不禁悲从中来，眼泪哗哗。于是，决定继续读研，继续无耻地啃老两年，用时间换空间，撕开更多书籍的假面。人品终于爆发，车到山前必有路，运气来了挡不住。后来的我凭着多年的蜻蜓点水加上一股子读书人的穷酸矫情劲儿，愣是光荣成了一名签约写手，是三百多本杂志外加无数本"处女书"带我进化为码字狗。也从那一刻起，我也第一次切身体会到了"书中自有黄金屋"。而谁有能料想，那栋理想的黄金屋建成之前，还是个破旧的神马书屋。

今天是世界读书日，我写下这篇文章，聊以纪念那段没那么多浑浊，没那么多所谓，没那么多心事的美好阅读时光。

今天是世界读书日，很多人都来问我："韩大爷，你读了那么多书，一定对你帮助无比大吧？"

我想，提出这个问题意味着我们在将读书功利化与沉重化。在中国，古时候读书与一生的仕途挂钩，到了今天，好不容易翻身了，还要把它与所谓的一纸定终身的高考挂钩，原本是一种精神享受，变成了一种精神摧残，原本单纯用来寄托情感，现在，除了用来中考高考加考研，就是用来搞催眠。

总会有人不舍地追问，读书的收益是什么？我觉得读书的收益就是读书本身。我不想声嘶力竭地强调什么"读书让人理性深刻，让人头脑清楚，让人看问题有多种角度"，没必要人人都拔高。要是真有普适性的回报的话，那读书就是读书的回报，就像吃饭就是吃饭的回报，睡觉就是睡觉的回报，画画就是画画的回报，仅此而已。可悲的是，我们现在很多人吃饭时并不是在吃饭，睡觉时也并非在睡觉，读书，也就不仅仅是读书了吧……

今天是世界读书日，也有很多人来问我："韩大爷，你说读书有屁用啊，上大学有毛用啊？"

我想，提出这个问题的差不多是两波人。一波是基本不读书的，一波是基本死读书的。不读书的人受中国社会当下的"反智化"倾向影响，视野定位基本全靠举个案的心灵鸡汤。读死书的人受中国特色应试教育影响，被逼上梁山的他们恨不得"焚书坑儒"，用铅字抵押外债与饥荒。

关于这个问题，我没有答案，只有两句反问。

只想问死读书的可怜人们：你妈妈逼你读书了吗？

只想问不读书的幸存者们：你妈妈逼你读书了吗？

（两句不太一样）

今天是世界读书日，我知道，又会有超级多的"节日战神"把与书有关的各种状态放到社交媒体上，不论是朋友圈，还是微博。

但我琢磨着：要是我们每个节日都从它走后的第二天过，要是我们把口号从"美好的一周从周一开始"改成"美好的一周从周二三开始"，这个世界，以及我们的生活都会真实许多。

结 语

谢谢我妈妈没逼我读书，你妈妈逼你读书了吗？

六、时间教会我们的6件事

导语：在我们每个人的成长历程中，有很多道理是教科书灌输给你的，也有很多来自家庭与社会教育。但有一些事情，除了时间与岁月，我们无从寻觅。很多人，到老了才明白这些事，也有很多人，穷尽一生都想不通。

今天，就与大家一起聊聊时间教会我们的一些事。如果读者朋友们有感悟补充，欢迎在评论区内留言，我们互通有无，看看活了这么久，经历了这么多，时间都教会了我们什么。

老规矩，闲话不多讲，干货奉上：

/ 1 / 你的犯错成本，其实很低

说起当今年轻人的特点，好话就不多讲了，但却存在着一个普遍状况：大家越来越不敢犯错，更是越来越不敢冒险。

平时无论是在校园里还是社会中，思维与行动都恪守着各种规则条框，甚至很多时候别人没那么要求你，自己就开始画地为牢。身体不舒服不敢请假，有了问题不敢跟上级沟通，找工作时一味求稳，某个选择一旦没得到预期效果觉得自己身家都赔进去了，瞬间崩溃。

在这里提醒大家一点：人不是活在真空的理想状态下，错误这个东西不仅难以避免，而且十分必要。更重要的是，你的犯错成本，并没有你想象的那么高。

这里有一堵墙，有人告诉你不要翻过去，但你需要翻，那就尽管大胆试一下。最终人家还是不让翻怎么办？无非就是再回来嘛。那里有一家店，据说货物十分昂贵，但你就是想进去看看，那就大步踏进去。最终发现真的买不起怎么办？无非就是就逛逛嘛。隔壁有个姑娘，很漂亮，据说十个人九个都被拒绝了，你若喜欢她，大可以试着追一下。最终真的追不到怎么办？无非就是再换个嘛。

以上这些，你向前迈一步两步，其实都不会有什么可怕的结果，然而如果你总怕犯错，那你的一生终将只会在遗憾与假设中度过。有句箴言说："前半生不要怕，后半生不要悔。"其实这两句话是连起来理解的，只有你前半生不怕，到了后半生才能不悔。

/2/ 你眼中"高人"说的话，对你未必有益

前几年是专家横行的时代，这几年是成功人士泛滥的年代。二十啷当岁的青葱少年们，初入社会，谁都想如令狐冲遇见风清扬般邂逅贵人，一飞冲天。逮住个自称四十不惑，实则吹牛上瘾的前辈就不愿撒手，期盼着对方教你几招独孤九剑。

看，迎面向我们走来的是业界大亨，某某领域的执牛耳者，身经百战的赵老板！他左手宜兴紫砂壶，右手板桥真迹大折扇，名片上一大堆头衔，经营的领域上至航空导弹新能源，下至背包丝袜麻将馆。尊口一开：小伙子啊，年轻人。道貌岸然！器宇不凡！两句必谈IPO，三句必谈破坏性创新、外加资本运作与期权！啊呀呀，高，实在是高，你跪求将成功秘笈赐教一番，他左右推托说哪里哪里，然后开始指点江山……

可以很严谨又保守地告诉大家，半数以上的赵老板是在装蛋。商业不同于家业，往往需要先吆喝再捞钱。大奔卷起尘烟，拉出一连串抹不平的银行贷款；恰逢互联网时代，一只猪喷两句新经济新模式"法螺"，都能被鼓到风口浪尖。千万别被那句"我吃过的盐，比你吃过的米都多"迷了双眼，时代早已有了颠覆式的变化，国门初开时井底巴掌大的一片天，未必适用于你这个生下来就是"世界人"的新青年。

走属于你自己的路，紧扣时代规律与脉搏，对"高人"的话保持警惕，辩证去看。别轻易被人牵着鼻子走，什么事都有点自己的主见。你吃的米的确还不多，那只是先后使然，他们吃的盐确实不少，所以他们很咸（闲）。

/ 3 / 对重要而不紧急的事保持警惕

人为什么有时候明知道需要努力了却迟迟不肯行动，还会找各种理由让自己偷懒？原因很大程度上在于：我们对于未来的惩罚和收益估计不足，倾向于就眼下的利益进行决策。

比如，我们会在大学阶段花费大量的时间去进行学习之外的娱乐，这些娱乐都有一个典型的特点，就是能够立即获得愉悦，并且并不会导致立即的损失。远古的生活告诉我们的真理就是：几年后的潜在收益跟眼下唾手可得的好处无法相比。这是人类一种先天上的短视。

生活中，有很多事情很重要，但又不十分紧急，可别小看了他们，天长日久，人与人能拉开差距的地方就在这里。

我们常听人说多读书很重要，但你我都知道，貌似这不是个急活，少看个一两天，也没什么立竿见影的显著恶果。我们常听人说吸烟有害健康，但你我又都会想，貌似这也不是什么火烧眉毛的事，多抽它一两根，也不至于死人。

但正是这些看起来重要时间上又不急的事情，你一旦轻视它，由着自己的性子去，最终不光会让你与别人拉开不可逆的差距，甚至会威胁到你的健康与生命。

在这里请大家牢记：越是慢活越要提醒自己常做。因为急活不需要你调动主观能动性，自然会有人拿鞭子抽你，然而一些潜移默化的东西却需要你拿出足够的自律。而这份自律型人格，将是你克敌制胜的最有力的武器。

/4/ 要想出类拔萃，试试反人之常情

时代节奏越来越快，职场里也是处处充满着竞争。想要从一众佼佼者中脱颖而出，成为出类拔萃的那一个，相当不容易。不容易在哪呢？就是当前人才的同质化现象越来越严重。

你懂技术，人家也懂，你会做内容，人家也会，你好不容易买了几本厚黑学书籍恶补了点人情世故，最后发现你的竞争对手比你还老练，简直就是个"小人精"。

在这样坑爹的状况下，怎样才能让别人对你刮目相看，好感加分呢？与众不同。怎么个与众不同法？那就是考虑问题、做事情时试着逆反各种"人之常情"。

惰性，是人之常情。我们都爱做选择题，而非解答题。所以与上司打交道时，与其只给他一个成果任他指摘，挑三拣四后你还费力不讨好。不妨多做一步，给他两个或两个以上的方案任他筛选，如果他比较奇葩，将所有选择推翻，这也是件好事，他一定会在推翻之后详细阐述他自己的观点。

抱怨，是人之常情。我们都爱做出一点成绩后就立马邀功，我们都爱在受了一点委屈后立刻做出应激反应。然而请换个思路，当一件事你做好了，得到领导的肯定，你与其急着大倒苦水，说自己多么费力才将任务完成，不如显得轻松一些，下次有更大的机会，老板还是会让你顶。

受到不公正的待遇，不要急着当替天行道的急先锋，大家同在一条船，人群中必定有比你猴急的人，与其当那个出头鸟，不如等着别人把刀拔，你把革命的红利领。

还是那句老话：你能走多远，取决于你能在多大的程度上克服各种人之常情。

/ 5 / 不要计较声音的来源，重视它的内容

这是日常生活中极其重要却又极容易被大家忽略的一个点。

先给大家举个例子：假如有一天，你和妈妈一起出门买水果。到达摊位时，你不知道买什么好，这时妈妈来了一句：吃苹果吧，对身体好。此时你会不自觉地脱口否定道：不，我要吃香蕉。同样的场景，换作你一个人出来买水果时，你很有可能直接就买了一大堆苹果，还挺高兴。

再比如，一个道理如果从一个你比较鄙视或讨厌的人嘴里说出口，你肯定不爱听，即便这对你未来的路再有好处，你也会选择性地忘记，并在心里费尽周折地否定他的判断，人说向东走你偏往西。同样的场景，换作以为你十分尊敬的十分喜爱的人说出来，你不但洗耳恭听，并且积极践行。

读到这你可能会想：靠，人怎么这么贱？也不是贱，而是我们经常会戴着一副有色眼镜，揣着一份丢不掉的逆反心理。这样的危害不言而喻：水果还是那个水果，道理还是那个道理，但这一切对你有用的东西，仅仅因为你抱有的不必要成见，被你随意舍弃，最终都化为泡影。

人都多少带有这种坑爹设定的，完全克服也是不太可能。建议大家这样做：当别人给你提建议时，不妨把对方统一想成某位你很重视的人，即将声音的来源这个变量灭掉，直奔声音的内容。这样一来，你往往能对事物的判断客观而冷静，对你将来的选择也会大有裨益。

/ 6 / 你可以只吃鱼饵，你要玩得起

登录简书两三个月了，每天都会收到大量的读者来信。有的吐槽一些

坑爹的事情，有的咨询一些现实问题。纵览这千百封读者朋友们发来的苦恼与困惑，总能抽出一种核心的情绪：对一些人和事的失望。

情感上，很多人经历了背叛，觉得爱怎么会是这样？工作中，很多人看到了复杂，觉得世界怎么会是这样？友谊中，很多人看到了狡诈，觉得人怎么会是这样？生活中，很多人遭遇了坎坷，觉得一切怎么都是这样？踌躇彷徨，大失所望。

我没办法为所有的问题一一开出根治的药方，但也真诚地告诉每一个苦恼的你：概念都是人定的，一切都是中性的，当你觉得很多东西不能接受时，你要知道：一切就是这个鸟样。

读到这里你感到绝望了吗？但绝望也未必是个坏东西，它起码能让人平静。我们把很多人力无法抗拒和主宰的东西称之为命运，而命运这玩意儿就像个闲得发慌的老者，没事就坐在岸边钓鱼。这时候你就得想明白：畅游在汪洋大海里的千万个你我，饿了的时候不妨吃吃鱼饵，千万别较真，也千万别太用力。一旦上钩了，快乐自然离你而去。

你觉得人心不古，真爱不在？你要知道，这世上没有什么东西真正属于你，你要吃的鱼饵，是两人在一起时的甜蜜。

你觉得职场虚伪，人际复杂？你要知道，很多时候是屁股决定脑子，不一样的位置自然有不一样的看法，你要吃的鱼饵，是经历与学习。

你觉得朋友难交，人心隔肚皮？你要知道，每个人都是截然不同而又彼此独立的生命个体，你要吃的鱼饵，是彼此灵魂相交时的一份畅达、一股意气。

我们都是大海里的鱼，所谓生存之道，无非是吃饱了肆意玩耍，饿了时填饱肚皮。不必对周遭的一切过于较真，鱼钩是残忍的，鱼饵是美味的。轻咬一口，大快朵颐，接着挽起衣袖，继续跟这个不好不坏的花花世界周旋到底。

结 语

　　今天与大家简单聊了下时间教会我们的一些事，希望能够为大家带来实在的帮助。我越来越发现，很多道理初听起来平淡平常，有时自己也很不屑。但直到某天，一些事情发生在自己头上了，才蓦然慨叹，悔不当初。然而世上是没有后悔药的，与其等覆水难收时再捶胸顿足，不如现在就把它们用心记住。不求平添喜乐，但愿减少痛苦。

七、这TM就很尴尬了

记得好久好久以前，我还在上小学，是个小二逼。

那时候刚流行起星座这东西，大家都在对号入座，看自己到底是哪个星座。

因为二逼嘛，不懂，以为星座是按照农历生日推算的呢，经过同学帮我对照，发现我是金牛座。

我当然信了。

同学说每个星座都有属于自己的特点，十岁的我极度渴望了解一下身体里的小灵魂，忙不迭地问他金牛座啥特点。

他照本宣科，念念有词：你看啊，这都一条条写着呢，你啊，踏实、稳重、内向、细心……，好准啊。

是么？好像……是挺准的哈。

嗯，我就是这样的人呢！

从那天起，我越发觉得自己跟金牛座的特点简直完美契合，连说话的语速都刻意放缓，笑都很少笑，生怕"背叛"了自己的"性格"。

老师跟同学们对我的评价里，有关"踏实、稳重、内向、细心"的字眼也越来越多。

苍天饶过谁，刚上初中不久，一次偶然的聊天让我知道：尼玛星座是根据公历生日推算的!

我根据"正版"的生日掐指一算,老子其实是双子座……然而自己却当了好几年的金牛宝宝……

这TM就很尴尬了。

来吧,"重新做人"吧,赶紧看下双子座的人是什么性格特点。

"外向、精分、反复无常、油嘴滑舌……"

尼玛基本上跟上一个星座截然相反啊!

这TM就很尴尬了。

苍天有眼,一股无形的洪荒之力让我在今后的岁月里真的一点一点更贴近双子座"应该有的性格"了呢,要不然我就真精分了……

从那时起,我发现周围的人对我的评价也都神奇地变成了:哇,你好外向,你好反复无常,你好油嘴滑舌……

这是我第一次切身地感觉到了"命运掌握在自己手中",一切都太可控了。

从那时起,我再也不看星座,再也不做性格测试,再也不找算命大爷侃大山。

从那时起,我再也不告诉自己:嗯,你是什么样的人,你应该是什么样的人。

从那时起,别人但凡对我说:嘿,你有一个优点,但也有一个缺点。

我一定会拦下来:停,只说优点就行了,尽情夸我,为会做得更名副其实。缺点你说出来我不但不会改,反而会一发不可收拾。

从那时起,我突然变得好自信:想成为什么样的人,完全就可以成为什么样的人。

从那时起,我不再给自己设限,不再告诉自己我天生就如何如何,自从知道了"我生来就怎么样"这句话基本就是个屁以后,我的人生也展开了无数的可能性。

大学期间参加社团、组织、实践活动无数，有同学跟我说：你是形式型的，比较适合做主持人啊之类的。

因为平时爱看些书，写一些东西，有人读了我的文章又跟我说：呀，你是内容型的，你比较适合搞研究。

课堂上爱发言，有同学说我适合做公务员，深爱传播学领域的理论，有同学又告诉我适合考研。

幸亏经历了"星座摇摆事件"，我对这些建议终于有了点自己的想法和主见。

李白说了句"天生我材必有用"，但他可没说天生我材必能被轻易发现，每个人身上都有着正无穷的可能性，你对自己下的每个断言，都是一层茧。

后来我经常在网上写些文章，也经常会回复一些读者朋友的提问。每每听到类似于："哎呀，韩大爷，其实吧，我是一个这样的人……"我都会喊停，等等，你可千万别轻易说自己是什么样的人，咱们可能到死那天都不知道自己是什么样的人。

你也别轻易告诉我你的初心是什么，更别动不动就抬出自己的一大堆原则，自由意志这东西真的是太不靠谱了，你觉得你是有性格，但人都是先做出自己想做的事，然后再去往上贴补些让这件事看起来名正言顺的价值观。

当有一天，一直声称是 A 种人的你，为了实际需要，做出了 B 种人的事，然后还想占理，不得不承认自己的原则其实是 B 种的，这TM就很尴尬了……

我喜欢某个导演，但我不会无端地喜欢他拍的所有影片，每部电影我都会用归零的心态去看。我生怕他拍出一部口碑两极的作品，我还扯脖子喊他拍的肯定都是好的，结果哪天他喝多了告诉大伙说：其实我这部就是拍了一坨屎。这TM就很尴尬了……

　　我不会轻易告诉自己喜欢什么样的人，适合什么样的人，接触了才会知道是不是真的合适，时间，会给我答案。我生怕一直给自己洗脑说自己喜欢内向的，结果有个外向的女神就这么被我pass了，这TM就很尴尬了……

　　我不会轻易再给自己贴标签，不会再条框分明地跟自己说：你的优点是123，你要多多发扬，你的缺点是456，你不擅长。我生怕有一天我明明有做456的天赋，偏偏两眼只盯着123，结果错过了变成456大王的机会，这TM就很尴尬了……

　　我不会再作茧自缚，不会再画地为牢，我生怕有一天，那只蝴蝶本可以起舞翩翩，却因为茧太厚了冲不出来，肠子悔断。我生怕有一天，那个牢里本关着一头不怕虎的小公牛，却因为我画蛇添足加了一个宝字盖，就再也难以逃出生天。

　　这，TM就很尴尬了……

八、怎样过一辈子最划算?

导 语

　　昨晚有读者朋友发来信息说:"总觉得生活无聊,没意思,干什么都提不起劲,自己一点人生热情都没有,想想如果一辈子都这么耗下去,那简直太可怕了。你说,人怎样才能活出幸福感?怎么过一辈子才最划算?"我读完之后,写下了三条建议。

/ 1 / 别让不好的人和事占用你的时间

你知道吗，二十来岁的你，即便能活到100岁，你的人生也共计只剩900个月。

如果你拿出一张纸，做个30×30的表格，每过一个月就划掉一格，你会发现，你这辈子，也就跟A4腰差不多大……

900个月，意味着什么？你最多还能领900次工资（算上养老金），领完你就玩完了；

你最多还能吐槽80次春晚，吐完你就断气了；

你最多还能看20次奥运，看完你就闭眼了；

你最多还能对仇人说8次"君子报仇，十年不晚"，仇报完了，你也就归天了……

这样想来，人生苦短，但我们为什么经常会感到苦海无涯呢？那是因为你在让那些不好的人和事占用你宝贵的私有时间。

寄居在这个蔚蓝星球上的你我，一生平均会遇到2920万人。这其中也就包括了许多小人、贱人、恶人、心胸狭隘的人、小肚鸡肠的人、婆婆妈妈的人、糟糕透顶的人，我们生活的这锅汤经常会被几颗老鼠屎搅浑。

然而最糟糕的事情不是你每天都会遇到SB，而是你每天都和SB动气。

你得知道，在余下的八十年里，你每天生气5分钟，这辈子光用来赌气你就要花掉2433个小时。这些用在生闷气的时间可以拿来做什么呢？

正常人经过简单训练，跑完马拉松的时间大约是4小时，2433个小时，够你参加完600多次马拉松比赛；

正常人的阅读速度平均为每分钟200～500字，2433个小时，足以使你读完一百多本几十万字的世界名著。

正常人的讲话语速大约是每分钟80～160字左右，2433个小时，可以用来对重要的人表达感激上百万次，对心爱的人说出四百三十七万九千四百多次的"我爱你"……

如果你把每天用来动气的5分钟替换成抽一支烟，喝一顿酒，发一次火，担心别人对你的看法，浏览一次朋友圈，进行同类运算的话，你会发现，你被消磨掉的时间，也会成倍累积。

所以说，所谓明智的生活，无非是过滤掉那些不好的人和事，努力和喜欢的一切在一起。

/ 2 / 别把每个不再重来的今天过成还没到来的明天

不知道从什么时候起，我们越来越爱做规划，我们的口头禅几乎都变成了"我将来……"和"等以后……"

如果你跳脱出现在的躯壳，每天观察一下自己，你也能发现，你会时不时地自言自语道："我明天……"

然而，时间是个奇妙的东西，昨日一去不复返，所谓的明天也永远是个相对物，我们每个人真正能够把握和拥有的，只有"今天"，准确地说，是当下的每个瞬间。

但我们很多人，却经常把每个今天过成了昨天或明天，要么沉浸在过去的回忆与懊恼里，要么彷徨在未来的担忧与焦虑中。长此以往，你的每个今天就变成了昨天画面的回放或明天远景的展望，最终，你失去了所有的当下，也就让每个今天溜走。

我们常说活在当下，然而并没有谁能真正做到。活在当下是种勇气，需要你跟过去与未来做个果决的了断，变得专注，享受此时此刻，从这一秒到下一秒，心无旁骛。

电影《深夜加油站遇见苏格拉底》中，因一场车祸毁掉整个职业生涯的体操运动员丹·米尔曼就曾一度陷入无法专注的心理旋涡，痛苦的回忆像阴影一般笼罩着他，对未来状况的不确定和对比赛结果的担忧更使他无法专心进行康复训练。针对这种状况，苏格拉底只要他时刻记住几句话，并每天问一遍自己。丹照做后，每天状态都很好，如脱胎换骨一般，最终奇迹般地重返奥运选拔赛，并难以置信地获得了胜利。

这几句话很简单，英文如下：

——Where are you？
——Here.
——What time is it？
——Now.
——What are you?
——This moment.

所以，如果你问我什么样的生活性价比最高，我的回答是：专注于当下的每一秒。吃饭时一口一口，单纯的就是吃饭；睡觉时一呼一吸，唯一的念想就是入眠；聚会时关掉手机，聊天就正常聊天；每天工作学习常做饭，把最简单的生活营造出最浪漫的仪式感。

/3/ 尝试所有未知，在小小的世界里进行最远大的冒险

如果说这世界上有没有哪句话值得我们一生去信奉？有没有哪条生活

原则可以普遍适用？我想只有一句：不留遗憾。

人生是一场没有本钱的生意，我们没有付出任何代价就拿到了通行证，进入到这片花花世界里。你我二三十年前以一敌数十亿，一举拿下长跑冠军，成为那个子宫里的唯一，从这点来说，每个人生来就自带一段传奇。

所以说，最划算的生活，就是带着这份荣耀感与幸福感去做一切想做的事情，让这段短暂的旅程，一本万利。

有部电影叫《遗愿清单》，推荐给每个觉得生活乏味无聊的人去看。

电影讲述的是两位罹患癌症的老基友共住同一间病房，当他们得知自己的人生只剩几个月活头的时候，他们拿出一张纸，把这辈子还没做过的事，留下的遗憾，没实现的目标一一列在上面，然后去尝试、去实现。

这些遗愿包括：跳伞、刺青、赛车、去法国、和女儿恢复联系、去非洲看野生动物、去埃及看金字塔、去印度看泰姬陵、去中国看万里长城、去喜马拉雅山、去香港、笑到流眼泪、亲吻世界上最美丽的女孩……

当他们一样一样勾掉清单上的愿望，一步一步消灭了留下的遗憾，生活渐渐明朗，他们也认识到了所谓"人生"的真正意义，不过是无悔地用掉这几十年。

现实生活中的我们虽然可选择的事情有限，但仍足以让我们列出一条长长的心愿清单：去吃一次从没吃过的美食，看一次从没看过的风景，再熬一次通宵，观看一次午夜场的电影……把这份清单放在兜里，没事的时候就去实践一条当作打发时间，随着小小愿望的一一兑现，你的生活中也会绽放出越来越多的幸福感。

所以说，你问我怎样过一辈子最划算？过滤污垢，享受当下，不留遗憾，就是我的答案。

结　语

　　请记住，你今后经历的每一天，都会是你余生中最年轻的一天。